疯狂心理学

揭秘日常生活背后千奇百怪的心理学真相

齐志斌　咸鱼波◎著

中国法制出版社
CHINA LEGAL PUBLISHING HOUSE

序言

Preface

上帝欲使人灭亡，必先使其疯狂。

人的内心就如同一个万花筒，花色或绚丽，或温暖，或阴暗，或诡异……谁也无法预料下一个花色。人性是世界上最复杂、最难捉摸的事情之一。想要更好地读懂一个人，一定要了解人的心理，通过心理学专业知识进行分析，才能尽可能深入地了解人们的想法、行为。

这是一本变态心理学作品。在本书中有一些案例是笔者亲身经历的，有一些是听说的，当然也有一些是对其中的故事进行了戏剧化夸大。但我相信，很多故事虽然没有见诸报端，但是在大千世界，一定存在类似的事情。我们只有掌握了足够的知识，对这个疯狂世界有足够的了解，才能更好地生存，并帮助需要帮助的人。

另外，书中有一些心理小测试，可以帮助你更好地了解自己。不过，如果你想确定自己是否真的具有某个方面的心理问题，还是要咨询专业人士，切不可拿书中小测试的结果给自己贴上某个标签。

现在就请开始你的心理旅程吧。

目录

Contents

003,

01 第一章

拿什么证明你是一个正常人？

你究竟是不是一个正常人?

真正的心理变态是很难通过测试发现的，所以我们可以抱着娱乐的态度开始这一章的内容。下面我会给出一个问题，请从四个答案中选出你真实的想法或接近的想法。

上学的时候，你们班上的一个同学经常欺负你，他每天放学都会在校门口向你要钱，只要你不给钱就会挨揍。那段时间，你受尽了羞辱，但是性格懦弱的你从来不敢反抗，只能每天在夜里用最恶毒的语言咒骂他。

时间一天天过去，你也长大成人，那段不堪回首的经历随着时间的流逝已经不会再像从前那样折磨你了，但你始终没有忘记那个人，每次想起他来，你都会习惯性地紧皱眉头。

假设有一天，你在一处野山游玩时遇见了他，他在爬山的时候不小心滑倒跌落悬崖，他的手紧紧拉住一根树枝，拼命呼喊。四周除了你在远远地看着以外，其他一个人也没有，这时你会怎么做?

A. 前去施救。

B. 赶紧躲开。

C. 远远地看着，等着看他掉下悬崖。

D. 走到他的面前，用恶毒的语言羞辱他。

选择 A 和 B 的人属于正常人的范畴；选择 C 的人实际上心理存在一定的阴暗面；而选择 D 的人已经属于心理有问题的范畴了，他不仅无法忘记曾经的伤痛，而且饱受折磨，这么多年之后，当他见到曾经的仇人时，内心阴暗的想法瞬间涌了上来。

“荒岛疑案”揭秘你的人格特点

我们知道，人性是相当复杂的。尽管世界上绝大多数人的内心都是阳光的，但我们也无法否认人性中阴暗的一面。以奥地利心理学家西格蒙德·弗洛伊德为首的精神分析学派主张人性本恶，以罗杰斯为首的人本主义学派主张人性本善，而以斯金纳为首的行为主义学派主张无善无恶。

人，一半佛，一半魔。在你的内心深处，到底住着怎样的一个人呢？

太平洋某处有一座被一位神秘富豪买下来的私人岛屿。这座小岛被用来宴请贵宾，只有一些与富豪交好的社会名流才有机会被邀请上岛。这里有着非常严格的私人保安措施，没有信号，没有网络，外面的人不可能知道这里发生了什么。

岛主人会邀请社会各界人士，年轻漂亮的维密天使更是常客。有一次岛上发生了一件可怕的事，我们先来看一下人物介绍：

Angela——维密天使；

Rosie——维密天使；

Fonseca——奢侈品店老板；

Simoni——地产商。

四个人在沙滩上散步，看起来有说有笑，但如果你是微表情方面的专家，就会轻易发现几个人眉目之间另有隐情，谈话也是欲言又止的样子。

眼看天色渐渐暗了，整个小岛都沉寂了下来。Angela 表示自己饿了，要回酒店吃晚餐；Rosie 还想再玩会儿，Fonseca 表示想陪着她；Simoni 则表示无所谓。只是海风越来越大，几个人见状，决定返回酒店。

晚餐还没有开始，因此四个人各自回到自己的房间休息。等到工作人员通知可以吃晚饭的时候，却发现 Rosie 一直没有出来，电话也不接，Simoni 表示自己去找一找。过了一会儿，Simoni 回来了，表示没有看见 Rosie。最后他们只能叫来酒店的大堂主管，打开了 Rosie 的房间，结果发现了她的尸体。

岛上第一次出现凶杀案，于是小岛主人决定报警。现在假设你是负责此案的警探，你认为谁会是凶手呢？

A.Rosie 是自杀，因为两位男士都对她表达了爱意，她不知道如何选择，所以干脆自杀。

B.Angela 是凶手，她喜欢 Fonseca，但对方却深爱着 Rosie，她因为嫉妒而杀人。

C.Fonseca 是凶手，他深爱着 Rosie，但她一直迟疑，又和 Simoni 暧昧不清。

D.Simoni 是凶手，他根本没有去找 Rosie，而是去抽烟了。

【测试结果】

选择 A，不正常指数：★★★

关键词：双趋冲突人格

双趋冲突，指的是个体必须对同时出现的两个具有同等吸引力的目标进行选择时产生的难以取舍的心理冲突。比如，你既想和闺密去逛街，又想约男朋友去看电影，两件事你都想做，却始终无法决定，最后有可能干脆都不选择。在极端情况下，有的人甚至可能会放弃自我，做出伤害自己的事，以此来阻断这个“麻烦”。

解决办法：“鱼，我所欲也；熊掌，亦我所欲也。”纠结是正常的，但不可过于痛苦。只要稍微调整一下动机，大多数冲突都会消除。然而，如果我们面对的是利益得失重大的心理冲突，则会出现难以取舍的内心矛盾。

调整动机也就是分析利弊，如Rosie面对两位男士的追求不知道如何选择时，完全可以分析利弊。例如，如果她更看重经济实力，就可以选择更有钱的那一位；如果她更看重外貌，则可以选择长得更帅的那一位。这样就可以很好地解决内心冲突，而不至于走极端了。

选择B，不正常指数：★★★★

关键词：嫉妒

或许是因为童年的经历，你是一个很缺乏安全感的人，因此占有欲很强。你喜欢的东西就必须拥有它，否则就会产生嫉妒心理。对于大多数人来说，不正常心理都在可控范围之内，并不会导致不理智的行为。但如果你真的像故事里面的Angela一样，得不到的就要毁掉，那么请你一定要赶快咨询心理医生。

解决办法：你可以通过喜欢的方式放松心情，如听音乐、去公园散心。不断调整心态，接受现实，意识到缺憾在某些时候其实也是一种美好。

选择C，不正常指数：★★★★★

关键词：报复

你的心理状态已经由嫉妒升级为报复，你对权力的欲望越来越强。对于自己喜欢的东西不愿意分享，当你发现自己得不到，而别人却拥有的时候，会有一种毁掉它的冲动，并且会趁机付诸行动。

解决办法：你的问题已经很严重了，建议咨询心理医生，慢慢改变心境。

选择 D，不正常指数：★★

恭喜你，你属于正常的心理状态。

这是一个比较理性的答案，Simoni 是凶手，所以当他表示要去找 Rosie 的时候，只不过是在拖延时间，分散众人的注意力。

你是一个偏重理性思考的人，逻辑思维清晰，不会因为个人情绪而干扰自己对于是非对错的判断。

解决办法：维持原状。

“不正常人类”心理测试，但愿你不会猜到答案

这是一套在网上非常火爆的心理测试，这类题目并不是测试人们的智商的，而是测试心理“不正常”程度的。因为每个人的答案都不一样，所以根本没有所谓的正确答案。我们选择了三道题，并做了适当修改，请根据你的真实想法写出答案。

1. 葬礼的故事

话说有母女三人，母亲死了，姐妹俩去参加葬礼。妹妹在葬礼上遇见了一个很有型的男子，并对他一见倾心。葬礼结束之后，妹妹竟然把姐姐杀了。请问这是为什么？

2. 床单的破洞

一位参加过越战的士兵受了重伤，导致双腿瘫痪，医生表示除非出现奇迹，否则下半生都要坐轮椅了。这位士兵在参战之前是一位橄榄球明星，他无法接受这样的事实，多次试图自杀，却都被医护人员救了下来。

然而，奇迹真的出现了。经过一段时间的治疗，他的腿已经有反应了。医生认为他有重新站起来的可能，并且表示他可以回家进行康复治疗。按理说他应该很兴奋才对，没想到在出院前的一个晚上，他却用水果刀割腕自杀了。

第二天，人们发现他的床单上有很多洞，请问这是为什么？

3. 海鸥肉

曾经有一对盲人情侣，男人天生就看不见任何东西，女人

010

则是半盲。直到遇见彼此，他们的生命才算真正迎来了曙光，因此两个人决定告别世俗生活，克服重重困难去周游世界。

然而，当他们来到一座孤岛旅行时发生了海难，他们的船完全毁了，两个人被困在岛上。他们几乎吃掉了一切能吃的东西，直到最后营救人员赶到时男人已经奄奄一息，而女人却没能活下来。

男人在两个人相遇十周年纪念日那天决定故地重游，以此纪念生命中最重要的女人。他还记得当年，女人给他抓到了一只海鸥，并告诉他说这种肉很难吃，但实在是没有办法了，并让他保证以后绝不再吃海鸥。男人还记得，当时女人发出了很痛苦的声音，他还笑着说："没那么难吃吧！"

然而，这顿海鸥肉是男人迄今为止吃过的最好吃的食物了，他还记得当时自己吃得有多开心，也正是这顿饭挽救了他的生命。所以这次故地重游，他特意找人帮忙做了一顿海鸥肉吃。可是令人意想不到的是，男人一边吃一边流泪，吃完之后他径直走到悬崖边，跳了下去。

请问这是为什么？

【答案】

1. 帅哥是母亲家里的一位远房亲戚，妹妹很喜欢他，但是平时完全没有联系，也找不到联系方式。于是，为了再次见到帅哥，妹妹决定把姐姐杀掉，这样就可以再举办一次葬礼，自然就能见到那个帅哥了。

2. 当医生告诉这个士兵可以出院之后，他并没有很兴奋，因为这已经不是医生第一次骗他了。之前他每一次尝试自杀，医护人员都说他还有站起来的可能，但是这次医生直接让他出院，他以为医生彻底放弃他了。于是在夜里，为了避免被护士发现，他黑灯瞎火地拿起了水果刀，想试着往腿上扎一下，看看到底自己的腿有没有恢复感觉。

没想到的是，由于天黑，他第一刀没有扎到腿，而是扎到了凸起的床单上（他误认为这是自己的腿）。他的情绪开始变差，接二连三不停地扎自己的腿，但实际上一刀都没有扎到，反而把床单扎得到处都是洞。最终心灰意冷的士兵，决定割腕结束自己的生命。这也是为什么床单上会有很多洞的原因。

3. 当年发生海难之后，女人找遍了岛上所有的食物，最后为了让男人活下去，忍痛将自己的肉一片片割下来给他吃，并且骗他说这是海鸥肉，很难吃，以后再也不要吃了。多年后男人故地重游，特意再来吃一次当年的海鸥肉，结果发现味道完全不一样。这时他才明白为什么当时女人会发出痛苦的声音，想到这里，男人受不了了，于是他来到悬崖边上跳了下去。

012

野兔精神病清单，如果你的答案超过 25 分……

野兔精神病清单是由加拿大心理学家罗伯特·黑尔研发的一个自测表，用来检验人们的精神状态。

在第二十五个世界精神卫生日，媒体公布过一项我国部分地区精神疾病流行病学调查结果的估算：在我国 15 岁以上人口中，各类精神疾病患者人数超过 1 亿人，其中 1600 万人是重性精神障碍患者。很多人其实并不知道自己是否患有心理疾病，因为他们可以正常地工作和生活，患病特征也不明显，但这并不能说明这个人的心理就没有问题。

野兔精神病清单一共有 20 道题，请根据你的具体特征回答问题（题目略作修改）：

1. 你是一个表达欲望很强的人，而且非常善于说服别人，你看起来很有魅力，拥有很高的社交技巧，能够轻松吸引别人的注意。

A. 描述不适用　　B. 描述适用　　C. 描述完全适用

2. 你拥有极强的优越感，觉得自己比任何人都聪明。

A. 描述不适用　　B. 描述适用　　C. 描述完全适用

3. 你喜欢冒险，因为每当你完成一项任务之后就会感到无聊、烦躁，需要新的刺激。

A. 描述不适用　　B. 描述适用　　C. 描述完全适用

4. 你是一个病态的说谎者。即便在没有必要的情况下，你也渴望说谎，从而给自己编织光环。

A. 描述不适用　　B. 描述适用　　C. 描述完全适用

5. 你有着极强的控制欲，凡事都要按照你的意愿来。

A. 描述不适用　　B. 描述适用　　C. 描述完全适用

6. 你很少感到悔恨或内疚，即便对他人造成了伤害。

A. 描述不适用　　B. 描述适用　　C. 描述完全适用

7. 你的情感接收范围有限，只能感受到淡淡的恐惧感、喜悦感、愤怒感或其他各种情感。你对什么都很冷淡，即便你是一个很有魅力的人，也从不与他人进行真正意义上的社交。

A. 描述不适用　　B. 描述适用　　C. 描述完全适用

8. 你是一个异常冷酷的人，缺乏同情心，并且蔑视别人的感受。

A. 描述不适用　　B. 描述适用　　C. 描述完全适用

9. 你经常逃避责任，完全依赖他人生活。

A. 描述不适用　　B. 描述适用　　C. 描述完全适用

10. 你不具备足够的自我控制能力，经常产生易怒烦躁的情绪，在无意间对他人使用攻击性语言。

A. 描述不适用　　B. 描述适用　　C. 描述完全适用

11. 你有过混乱不堪的滥交历史。

A. 描述不适用　　B. 描述适用　　C. 描述完全适用

12. 在青少年时期，你是一个邪恶的家伙。

A. 描述不适用　　B. 描述适用　　C. 描述完全适用

13. 你感到自己的生活没有方向，没有长期目标。

A. 描述不适用　　B. 描述适用　　C. 描述完全适用

14. 你总是会冲动行事，而且不计后果。

A. 描述不适用　　B. 描述适用　　C. 描述完全适用

15. 你是一个毫无责任心的人。

A. 描述不适用　　B. 描述适用　　C. 描述完全适用

16. 你不肯承认自己的所作所为，借此逃避责任。

A. 描述不适用　　B. 描述适用　　C. 描述完全适用

17. 你有很多短暂的“婚姻”关系。

A. 描述不适用　　B. 描述适用　　C. 描述完全适用

18. 你对权威极其厌恶。

A. 描述不适用　　B. 描述适用　　C. 描述完全适用

19. 你经历过“条件假释”被撤销。也就是说，即将获得假释，却在假释前犯错，导致假释被撤销。

A. 描述不适用　　B. 描述适用　　C. 描述完全适用

20. 你显露过“犯罪天赋”。

A. 描述不适用　　B. 描述适用　　C. 描述完全适用

【评分标准及测试结果】

选择 A 不得分，选择 B 得 1 分，选择 C 得 2 分。

如果你的得分是 0 分，你简直就是一个善良的天使；

如果你的得分不超过 20 分，说明你是一个正常人；

如果你的得分超过 20 分不大于 30 分，说明你并不算是一个完美的人；

如果你的得分超过 30 分，说明你已经达到精神病态者的标准，赶紧去看心理医生吧；

如果你得了满分，那也太可怕了！

笔者认为，如果你的得分超过 25 分就真的需要注意了，虽然每个人的内心深处都可能存在一些黑暗的想法，但是如果过于阴暗就需要去看心理医生了。总之，得分低于 30 分应该不会有太大问题。

也许一个人确实拥有精神病人的人格特质，但这并不意味着他一定是一个心理变态的疯子。事实上，很多成功人士都有或多或少的心理问题，他们有时的确很疯狂，但有时正是因为这份疯狂才成就了他们的成功。所以别慌，这只是一个测试，只有你最了解自己，与内心的自我好好谈谈，然后决定是否有必要采取下一步措施。

第二章 02

如何识别精神病态者?

如何快速识别身边的精神病态者？

本文介绍的一些技巧也许可以帮你识别潜藏在身边的精神病态者，关键时刻或许还能救你一命。结合第一章的野兔精神病清单，你可以更好地识别那些不正常的家伙。

很多人都会觉得身边的精神病态者太多，实际上这类人的数量是很少的，只不过他们的所作所为让常人难以理解，所以容易见诸报端。这类信息太多了，你就会习惯性关注，所以才会对精神病态者产生很多的偏见。

不过，精神病态者虽然没那么常见，但是一旦遇见还是会给你带来一些危险的，而且这类人其实并不容易被识别。

1. 精神病态者往往更有魅力

心理学家罗伯特·黑尔与凯文·达顿表示，由于精神病态者对他人欠缺同情心和爱心，因此显得格外冷酷无情，常常会出现无法压抑的冲动性行为，而且基本上都是以自我为中心……也就是说，大部分精神病态者可能会“挂相”，他们看起来就不是正常人。

然而，还有一类人外表亲和，谈话时毫无违和感，甚至很有才华。如果这类人再长了一张完美的脸蛋，那可就糟了。凯文·达顿推测，这类具有超凡魅力的精神病态者大多处于上层组织，他们拿着高薪，身居高位。这是因为他们拥有极强的抗压能力，头脑冷静，思维敏捷，所以更容易坐上高位。

2. 精神病态者往往更容易成功

1941 年，心理学者赫维 · 克莱克利通过研究分析发现，精神病态者的人生更加极端化：他们要么走上巅峰，要么非常失败。

某些精神病态者还存在功能失调的现象，他们的身体和精神状态比正常人更弱。据统计，存在精神病态特质的普通员工，其工作能力、业绩明显比正常员工差，收入和职位也更低；然而，另一部分高功能的精神病态者则非常成功，帮助他们获得成功的恰恰是他们的人格特质。这类高功能的精神病态者的智商要远远高于普通人，因此他们更能胜任自己的工作。

3. 自恋且自我

精神病态者极度自恋，他们认为自己比普通人更聪明，所以应该得到高于他人的待遇。他们喜欢与高价值的人物在一起，因为这样会让他们感觉自己更有价值；而他们对于低价值的人，总是会不屑一顾。这类人习惯以自我为中心，想做什么就做什么。相比于普通人，他们更容易出现出轨、偷窃、说谎、滥交等行为。

4. 冷漠且没有道德准则

精神病态者普遍缺乏同理心，他们极其冷漠，只在乎对自己有利的事，而从来不会考虑别人。我们可以通过这一点进行观察，比如同事结婚，大家都为新人感到高兴，精神病态者却面无表情。

5. 缺少深入的情感反应

精神病态者对于导致严重负面情绪的事件，并不会像普通人一样产生强烈的反应。例如，当他们失去亲人时，并不会感到非常痛苦。

6. 操控人心的高手

精神病态者非常善于操控人心，从而达到自己的目的，他们善于利用各种手段，让别人按照自己的想法行事。

7. 喜欢制造混乱，常常感到无聊

精神病态者经常感到无聊，他们喜欢冒险，尝试新鲜的事物，尤其喜欢制造混乱，如挑拨离间，然后自己在一边看戏。

8. 精神病态者从事最多的 10 种职业

该数据来自德国的调查公司 Statista，精神病态者从事最多的 10 种职业是：CEO、律师、媒体人士、销售员、外科医生（有趣的是，在非手术医生和护士中，精神病态者占比很低）、记者、警官、神职人员、厨师、公务员，他们当中出现心理变态特质的概率要高于普通人群。此外，在基金经理、极限运动员中，精神病态者的占比也很高。

022

遇见钟情妄想症患者，你该怎么做？

张小元整个早上都很激动，因为公司早会的时候，副总王姐任命他做新项目的经理。为了这个项目，张小元可以说是呕心沥血、夜不能寐，现在终于得偿所愿了。张小元心想，不管怎么样都要大干一场，这不仅仅是收入的问题，还决定着自己以后在公司的地位，当然更重要的是个人成就感。

早会散了之后，张小元为了节省时间，决定去公司旁边的房屋中介问问，租一间离公司近点的房子。为了这个项目，张小元真是拼了，即便房租比之前高出1000元他也认了。只是张小元万万没想到，中午去房屋中介这一趟，险些让他丢了工作。

张小元走进房屋中介公司时，里面挺热闹的，看来很多人都是趁着午休的时间来看房。一位工作人员很热情地接待了他，并根据他的要求推荐了一些房源。正看着资料，突然听到有人激动地对他说了句："我终于找到你了。"

张小元抬头一看，只见一个女人站在他身后，目不转睛地盯着他。张小元想了想，发现自己并不认识这个女人，于是继续自顾自地看资料。

"你知道我找了你多久吗？你怎么不理我？"又听到这个女人冲着他说，张小元一脸疑惑，心想这是什么情况？还没等张小元说话，女人继续说："你说走就走，丢下我一个人，还有我们的孩子，你知道这些年我是怎么过的吗？我不怪你，只要你回来就行。”

说着说着，女人号啕大哭起来。周围一片安静，张小元发现屋里的人看他的眼神都不对了。

张小元终于意识到不对劲，用手指了指自己，说：“大姐，你是不是认错人了？我不认识你啊！”女人一把拉住他的手，吓得他赶紧甩开后退了几步。

“老公，我们回家好不好？我想你……”女人一直说着，简直就是一个苦情戏的女主角。张小元细细打量着这个女人，她留着短鬈发，化着浓妆，外面穿着一件灰色风衣，里面穿着一件绿色毛衣，脚上穿着一双大红色的靴子。张小元心想，这是什么搭配啊，这打扮也太张狂了吧。

张小元心想：“什么老公，我恋爱才谈过一次。”于是张小元说了一句：“你认错人了吧。”然而，女人歇斯底里的哭喊声远远压过了张小元的声音，她一会儿哭闹，一会儿不停地说着。她不仅语速很快，而且还一套一套的，乍一听，张小元还真像是一个负心汉。

这时候，周围不明真相的群众开始对张小元指指点点了，他感觉百口莫辩，索性夺门而出。他在心里暗骂：“今天真是倒霉。”

张小元无奈地苦笑一下，心里还琢磨着，幸亏没有遇到熟人，要不得多尴尬。张小元来到公司大楼门口，突然有人从后面一把搂住了他的腰，吓得他赶紧挣脱开。他定睛一看，还是那个女人，只不过脸上全然没有了刚才那种悲怨的神态，而是笑容满面。她一只手拉着张小元，另一只手直接伸过来摸他的脸。

张小元真的有点生气了，他说道：“你有病吗？我不认识你。”那女人不依不饶死死地拽着张小元的手，嘴里念念叨叨，不知在说什么。张小元又气又急，想甩开她又不敢用大力，毕竟对方是个女人。于是，在外人看来他们就像是一对吵架的小情侣。

午休时间快过去了，人们陆陆续续回来上班，写字楼下面的人越来越多，很多人都围了过来。张小元一时摆脱不了女人，又气又急，于是他使劲一推，大骂道：“我不认识你，神经病！”

结果，这女人一边哭闹，一边死死抱住张小元的腿，嘴里说的还是刚才那一套。看着周围人的眼神，张小元简直快被气晕了，这可是公司楼下，来往的都是熟人。这时，张小元发现副总王姐正以一种难以置信的眼神看着他。

完了，张小元第一时间想到的就是刚刚得到的项目经理的职位。张小元强迫自己冷静下来，他看到保安过来了，便大声喊：“报警！帮我报警，我不认识这个人！”果然，包括王姐在内，很多围观的人神色从厌弃变成了怀疑。

张小元心想，只有报警才能还自己清白了！警察来了，将当事双方带回所里，作为领导，王姐也跟着来了。当然，张小元心里明白，王姐跟过来更重要的原因是考察自己。毕竟张小元是她刚刚极力推荐的人选，如果出了道德层面的问题，最后老板问责，谁都不好过。

到了派出所，警察登记了两人的资料后，一个警察去核实资料，另一个警察问那女人怎么回事。只见那女人一把拉住张小元，声泪俱下地对警察说：“不要怪我老公，都是我的错。”接着又说两人是怎么恋爱的，怎么结婚的，还有一个孩子，她是如何爱张小元……女人说得有鼻子有眼，连一旁的张小元都要信了，甚至怀疑自己失忆了，怀疑自己是不是真有这么一段人生而不自知？

张小元很是心烦，他如实和警察说了事情的前因后果，并且强调说："我真不认识她！我刚毕业没几年，恋爱都没时间谈，一心扑在工作上，怎么可能连孩子都有了！"

正解释着，核对资料的警察出来了，他把张小元、保安和王姐带到了一旁。警察把身份证还给张小元，同情地看着他，说道："这个女人的精神有问题，之前离婚受了刺激。这种情况已经不是第一次发生了，她在很多个派出所都有记录，我们会通知她的家人来接她，你们可以回去了。"

张小元心里这个郁闷啊，这叫什么事啊！出了大门，他看到保安和王姐都在憋着笑。王姐挖苦道："小元啊，回去写个报告，让同事们以后也都小心点。"

张小元的遭遇确实令他不知所措，万般无奈之下他只能选择报警，不然真的是有理说不清了。他才去房屋中介那里一会儿，就平白无故多了一个媳妇，竟然还给他生了孩子。大千世界无奇不有，荒谬且不可思议的事就这样发生了，令他百思不得其解。

其实，张小元并不知道，他这次遇到的是一位精神分裂症患者，严格来讲，这个疯女人可能是钟情妄想症患者，也就是我们常说的"花痴"，最早由弗洛伊德发现并命名。

钟情妄想症的主要表现是失去理智，表现出高级意向减退，主要是工作或学习方面的意向；而低级意向亢进，主要是性欲、食欲等方面的意向。在精神病性心理问题中，它属于思维内容障碍的一种临床表征。通常患此类疾病的人往往会坚信某人是自己的爱人，即使可能受到对方的严词拒绝，患者也不会轻易罢休，反而会认为对方是在考验自己对爱情的忠诚度，所以更加肆无忌惮地纠缠对方。

然而，所有情节都是患者本人虚构的，在现实生活中根本不存在的事却被患者当真，即使别人劝解也没用。

钟情妄想症一般很少单独出现，很多时候患者还会有其他幻想或幻觉。这类患者会把他们所钟情对象的一举一动都看作对自己的示爱，并坚信不疑。例如，曾经有一位还在高中阶段的女孩，认为全班男生都在喜欢她，甚至当两个淘气的男生放学约架时，她竟然跑到中间大喊："都别吃醋了！"

生活中遇到此类患者的概率虽然不大，但是假如遇到了，你一定要小心。当你遇到这类患者时，千万不要试图向他解释，这种做法完全没用。心理学家弥尔顿·洛奇赤做过一项心理学实验，有三个精神病患者都声称自己是耶稣，洛奇赤将他们安排进同一个病房两年。其间，三个患者的生活起居都在一起。结果显示，三人对事实上存在的矛盾视而不见，也不作任何争论，依旧坚持认为自己是耶稣。洛奇赤最终得出结论：妄想症患者是不可能被说服的。

那么，如果我们真的遇见了钟情妄想症患者应该怎么办呢？正如刚刚讲到的，你不要向他解释什么，更不要试图激怒或打骂他。为什么这么说呢？因为妄想症状及怪异的思想行为，决定了他不仅听不进道理，还会误以为你的反应是对他感兴趣。

不能打也不能骂，那该怎么办？跑！走为上，这是最好的办法。如果暂时跑不了呢？那么就要减少关注，寻找有利的时机避开他们。例如，在案例中我们不难发现，张小元完全有机会摆脱患者的纠缠，但是他不懂这方面的知识，导致纠缠又一次发生，最后还差点丢掉好不容易到手的经理职位。

如果你成功跑掉的话，一定要提醒身边的人注意避让，而不要以看热闹的心态对待。同时，我们应该学会正确对待这类患者，要把他们当作需要帮助的人。比如，寻求外援，电话求助精神专科医院或机构，也可以选择拨打 110 求助。你还可以用手机拍下证据，否则到了派出所还得花时间解释。

从精神病性心理问题的康复方面来讲，精神分裂也是可以治愈的，我们应该正确对待病患，而不是看他们的笑话。另外，从心理咨询师的视角来说，我们还会建议，精神分裂症患者在病情稳定的基础上，应逐渐地减少药物依赖，可以增加心理治疗或心理咨询方面的替代疗法。这样的做法不仅可以帮助他们识别自己的情绪、认知、心理状态，管理七情六欲，还能提高他们多角度、全方面认识事物的能力，增强他们对万事万物的理解能力，减少疾病的复发。

028

被偏执型人格者追求是一种怎样的体验?

晓清大学毕业后开了一家花店，这是她的梦想，她每天来到花店就会感到很开心。但是最近几天，晓清却有些心烦，原来是因为每天都有人给她打骚扰电话，她接起来之后那边又不说话。开始几次，晓清想着是不是有人打错了，毕竟现在老客户都是直接微信订货，很少打座机了。然而，每一天这个电话都会打过来，而且越来越频繁，按照来电显示打过去又没有人接。后来，晓清实在受不了了，索性办理了停机。她想这个电话肯定是那个人打来的，想到那个人，她总是会气得咬牙切齿。

到底发生了什么呢？事情还要追溯到读大一的时候，晓清所在的学校搞了一个新生见面会，每个寝室都要出节目，晓清在同寝室小姐妹的起哄下唱了一首歌。正是这件事让晓清悔青了肠子，如果时间可以倒流，她说什么也不会去唱歌。

新生见面会的第二天，晓清去上课，有个男孩说帮她占了座，晓清也没想那么多，谢过之后就坐下了。谁知道从那天起，这个男孩每天都给她占座，还把座位擦得干干净净。后来，男孩还会带很多零食给她。晓清这才意识到这个男孩喜欢自己，但是她对男孩没有什么感觉，而且也没有谈恋爱的想法，于是她开始不着痕迹地避开男孩。男孩也感觉到了，索性找晓清表白，晓清也很坦诚，说清了自己的想法，委婉却坚决地拒绝了他。

哪知道，让晓清匪夷所思的事从此开始了。首先这个男孩QQ、微信不断，每天发无数条信息，内容各异，但都是海誓山盟的诺言。刚开始晓清还会耐心回复，说明自己的想法。后来她发觉这没什么作用，实在受不了干脆拉黑了男孩！结果拉黑之后，这男孩的行为更让人大跌眼镜。他的信息轰炸转向了晓清寝室的小姐妹、关系好的朋友，内容一律是他如何爱晓清，但晓清不理他，两个人的事情弄得尽人皆知。

同学们都被他的痴情打动，纷纷劝说晓清接受男孩的心意。晓清真的是气得头昏脑涨，只能不厌其烦地一遍遍解释。再后来，男孩甚至找到了晓清家人的联系方式，直接把电话打到她家里，内容也是一样的，搞得晓清爸妈也不胜其扰。

这一下，晓清真的是被气得七窍生烟。她干脆约了男孩，再一次很认真地告诉他，他们可以做朋友、做同学，唯独做不了恋人，也请他停止这种无聊幼稚的行为，否则连朋友都不要做了。

接下来，男孩安静了几天。有一天，晓清生病了请假没去上课，关了机在寝室睡觉。中午放学后，寝室的小姐妹们回来围在她的床边，叽叽喳喳地告诉她，那个男孩在学校大操场上发表了爱她的演讲，说得声情并茂，坚贞不渝，太让人感动了。现在全校都知道了，你成我们系的名人了！

晓清被气得又多病了几天，现在她去食堂都有人围观了。愤怒之下，晓清亲笔写了一封信，连信封也没装，让同学带给男孩，再一次严正表明了自己的态度。晓清留了个心眼儿，之所以让同学送信，是为了有人可以证明自己的态度。

本以为终于可以结束了，没想到隔天听到了更让她崩溃的消息，说是这个男孩要割腕自杀，而且自杀之前在学校论坛里发了帖子，内容是要用生命证明对晓清的爱！

晓清要被气疯了，怀疑自己这是造了什么孽。事情闹到这个地步，学校领导终于出面了，辅导员、老师都来找晓清谈话，大体都认为是两人恋爱，结果晓清把人家甩了。晓清只能拿出聊天记录，还请送信的同学来作证。最后学校找来了男孩的家长，事情才慢慢消停下来。

不管如何，晓清总算熬到了毕业。随着时间的流逝，同学们早就忘了这件事，而晓清再也不用见到这个男孩了。让人意想不到的是，这家伙消失了几年之后竟然又出现了。

这个案例让我们感受到了一场畸形的爱恋，其实说白了是单恋，晓清是这场闹剧中的女主角，也是受害者。大学期间，“痴情男”的各种围追堵截，一度让她不胜其烦，生活、家庭、学业都受到了严重的影响。本以为毕业了终于可以解脱了，没想到又接到了男孩的骚扰电话，让她特别崩溃。其实，晓清遇到的男孩很可能是一个有偏执型人格障碍的患者。不过，生活中有偏执型人格障碍的人还是极少数的。

偏执没有问题，但和障碍产生关联就成了问题。偏执型人格障碍患者有一些共同点，即难以适应周围环境，不能与他人建立良好、有效、亲密的关系，严重缺少同理心。

从心理学专业的角度来说，文中偏执型人格障碍患者的所作所为其实是一种内在心理不健全的外在反应。类似的例子，比如那些霸座的人，明明自己有座位，还非要占着别人的，经劝阻无效，甚至连警察都来干预了，还会执着于自身的认知，认为自己没有错。

偏执型人格障碍的形成最早可追溯到患者的童年和家庭环境，

它可能是患者在原生家庭的影响下身心整合失败的产物。比如，他们的父母可能控制欲很强，如果在成长过程中，自己与父母之间发生的冲突没有化解，或需求、情绪、感受没有得到重视，就可能会导致两种结果：一种是严重自卑，他们会认为自己一无是处，问题都是由自己引起的；另一种可能就是走向反面，认为问题都是别人引起的，不然自己不会这么难受。显然，案例中的痴情男应该属于后者。

在与偏执型人格障碍患者相处时，一定要避免对他们进行评判或攻击，忽视是最有效的方法。不然就会像案例中的晓清一样，给了对方很多回应、评判、攻击，或许她的本意是为了把自己的想法说清楚，让对方适可而止，结果却适得其反，落得一个引火烧身的局面。

有的人在不知道真相的情况下，会觉得追求晓清的男人很可怜，认为他痴情专一，这是非常错误的想法。无论你和偏执型人格障碍患者的关系如何，一旦你与他们持有不同观点，都会引来反目成仇的后果。也许今天你们还是朋友，明天有件事你不认同他，他就会将你视为仇敌。

生活中，偏执型人格障碍患者可能并不多见，但是有偏执性格的人比较常见，尤其是青少年。为了更好地面对他们，我们首先要学会从心理学的角度分析他们的人格特点，自卑、敏感、多疑、武断，他们常常把身边人看成自己的假想敌，凡事多往不好的方面想。偏执型人格的人经常会有自以为是的感觉，做事没有自知之明。他们在与其他人产生矛盾后会一直耿耿于怀，内心痛苦，容易钻牛角尖。

这类人轻易不会承认自己的问题，所以一般不会求助心理咨询师，他们会觉得一切问题的根源都是别人。所以人们想要帮助这类

032

人认识到自己的问题，实际上是比较难的。想帮助他们，也只能是在他们痛苦的时候，劝他们多考虑自身的问题和原因，多接触不同的人和不同的事，控制好自己的情绪，多往好处想，否则会害人害己。

大千世界里形形色色的人

大千世界，各种各样的人都有。有时候你真的不知道自己周围生活着什么样的人，会遇到什么样的事。就算是自己的朋友、邻居、亲戚甚至家人，偶尔也会做出一些令人匪夷所思的事，让你惊掉下巴。

小菲和小红是从小一起长大的好朋友，住在同一个小区，从小就无话不谈，好得跟一个人似的。今年，两人都上了高中，又考入了同一个学校。小红的妈妈在她很小的时候就去世了，家境不好；小菲因为父母工作忙，从小跟着爷爷奶奶长大。长大后的小菲越发漂亮，性格直爽、热情；小红则相貌平平，性格内向、孤僻。但无论怎样，两个人的友谊一直延续着。

这天，小菲在网上选了一件衣服，觉得很好看，又有点拿不定主意，就把链接发给了小红，请她参考一下。“这么土的衣服你也看得上？”“丑死了！”“这种衣服也只有你会穿！”……小红毫不留情地嘲讽了一番，小菲心想也没那么丑吧，但是既然好朋友这么说了，自己心里也没底，不买就不买吧。

结果没过几天，小红神采飞扬地穿着这件衣服去逛街，朋友们都夸她眼光好。小菲一时间摸不着头脑。这只是一件小事，但是后来的事性质有点变了。由于她们小区当时还没有快递柜，所有快递都放在门卫室，大家回来之后需要自己去拿。

小菲家境不错，平时经常网购，但是发现自己的快递总是不翼而飞，而那些不翼而飞的物品最后总会出现在小红的身上，比如衣服、小挂饰等。

让小菲更加疑惑的是，每一次小红都会主动问她："我这件衣服好看吗？我的挂饰好不容易才买到的，还行吧？"再后来，小菲长了个心眼儿，把收件人改成了爷爷的名字，地址也变了，这才恢复了正常。这件事就这样过去了，小菲虽然有所怀疑，但并没有深究，因为她认为自己的好朋友不会干出这种事。

小菲人长得漂亮，又有些大大咧咧，从高一开始就有很多男孩子追求。小菲很喜欢其中一个男孩，他是篮球队的队员，长得也帅，她将这个秘密分享给了自己的闺密小红。小女孩的青春萌动总是小心又害羞的，小红也一再保证不会告诉任何人。

有一次，学校举办运动会，大家站在操场上聊天，喜欢小菲的男孩子也在场。一向不爱说话的小红突然揽住小菲的肩，开玩笑地对大家说："你们知道吗？我们小菲也是有恋爱经历的人了，她还把人家甩了，酷吧！至于和谁谈恋爱，这是个秘密，我是不会告诉你们的！"同学们纷纷起哄，而那个男孩一脸不可置信又受伤地站在人群中。

小菲气得满脸通红，小红却笑着说："别这么小气嘛，开个玩笑而已。"小红成功地搅黄了闺密的初恋，后来竟然试图去安抚男孩，并表示自己愿意和他交往，然而小红并没能成功吸引男孩的注意。

从这件事开始，小菲终于意识到自己的闺密不再是原来的样子了，两个人之间的隔阂也越来越深。小菲不再和小红分享秘密，有些时候小菲也不再带着小红玩耍，毕竟两个人的朋友圈也不尽相同。少了这位有实力的“好朋友”拉拽，小红逐渐意识到自己的生活有多么无聊。

之前小红的生活丰富多彩，她和小菲一起看电影，一起聚餐，一起参加朋友们的生日会，小红都不用花一分钱。但是自从那次之后，这些精彩的节目都没了，她的生活里只剩下了学习。小红的心态越来越失衡，但是两人并没有断交，还是一起上下学，还是会瞎聊天，只不过内容不再走心了。

让小菲终生难忘，也是让她决定彻底与小红断交的事是在一次放学的路上，她和小红与同学们分开之后，小红毫无征兆地从后面使劲推了小菲一把。这时，刚好经过一辆运货的卡车，幸亏司机急打方向盘，否则后果不堪设想。

小菲惊恐地看着自己的“好朋友”，不敢相信眼前的一切，而小红竟然哈哈大笑，一如既往地表示“开个玩笑而已”。

在这个案例中，小红的行为严重损害到了小菲的利益及生命安全，事态的严重性也是一步步升级。小红从小就有说谎、偷东西的坏习惯，慢慢地又发展成出卖朋友、谋害他人。从小红一贯的行为方式和情感反应来说，她极有可能是一个有着品行方面问题的青少年。品行障碍是一种反复且持久出现的，一些违反其年龄特征和社会道德准则的品行不端的行为，主要表现为侵犯他人或公众利益的反社会行为。

品行障碍患者常发病于早年，最早可追溯到五六岁时，与原生家庭的教养关系高度相关，常见于情感淡漠、界限混乱、缺少关心的家庭。相关资料表明，在家庭中能有效管理情绪、规划生活的父母，他们在子女的教育中，会与儿童建立弹性的边界。在这样的家庭环境和教养氛围下，孩子更容易习得父母的情绪管理能力，进而发展出有效应对困难的能力，可以有效预防品行问题的产生。不难看出，父母教养与亲子关系在预防品行障碍中起着至关重要的作用。

品行教育的早期干预应该从家庭做起，父母通过自己的言传身教去影响孩子逐步形成良好的品行和习惯。那么，对于已经形成品行障碍的人，我们如何应对他们的角色行为失常呢？

对于具有品行障碍的人来说，他们可能会很痛苦，并且会把自身痛苦的原因归咎于别人。所以要想让他们的行为得到改善，其家人必须重视，尽量早发现、早治疗。调整环境是一个不错的方法，通过改善家庭内部环境、成员之间的相互影响模式，父母应适当学习及运用讨论和协商的方法与患者沟通，逐渐地让患者发展出社会可接受的行为。

问题严重者一定要寻求专业人员的帮助。在家庭治疗中，我们经常会把家庭比作一个系统，家庭的系统出问题了，孩子才会出问题。所以一般会运用一些家庭治疗方法，改变家庭功能结构不良，化解家庭成员之间的矛盾，改变与患者之间的不当交流方式，进而达到治愈的目标。

如果还不能解决患者的问题，就需要对其进行住院治疗。品行障碍严重的患者，应该到专科定点医院接受正规治疗。这样做的好处有两个：一是可以让患者从固有的家庭环境中暂时解脱出来。例如，品行障碍患者家中可能有一位酗酒的父亲，如果患者长期生活在这样的环境下，很难改变受到虐待、刺激的情况，但在医院就不会有这样的问题。二是住院治疗可以为患者提供更多医疗上的帮助和心理上的支持，在医护人员的治疗和照顾中，患者症状逐步缓解，调整认知、行为，最终达到治愈的效果。

由于品行障碍多发生在18岁以下的青少年当中，而孩子们的辨识意识不足，如小菲也是很久以后才发现自己的朋友有问题，作为父母一定要多与孩子、老师沟通，如果孩子身边存在这样的同学，最好的方法还是远离他们。

038

好可怕，身边有个“跟踪狂”怎么办?

娄眉怎么也没想到一次平常的相亲，竟然让她经历了一段如堕地狱的日子。

33岁的娄眉长得很漂亮，身材窈窕，学历高，在单位工作能力也强，年纪轻轻就独当一面，是一个部门的负责人。不知是自身条件太好了，还是缘分没到，反正一来二去就成了“大龄剩女”。渐渐地，催婚就成了父母、亲戚的日常习惯，娄眉拗不过长辈就走上了相亲之路。娄眉在相亲的过程中遇到了形形色色的人，不过凭着她自身的教养从来没有出现让双方及介绍人尴尬的情况。

这一次，家里又安排了相亲，并且把对方夸了个天花乱坠。对方38岁，研究生学历，做金融工作，只是长相普通。

见面后，这位男士表现得很善谈。虽然不是娄眉喜欢的风格，但她依然像往常一样表现得很得体。不过，这位男士则有失风度，说起了他的前一段恋情，并表示如何被前女友深深伤害。娄眉虽然对这种第一次见面就聊隐私的事很反感，但是出于礼貌还是给予了适当的安慰。回去后，娄眉婉转地告诉了对方，表示他们不合适并送上了祝福。

娄眉以为这样就结束了，但是之后这个男人每天都给她发信息。开始是平常的问候，娄眉出于礼貌回了几次。之后，他竟然开始规划起两人的未来，言语也越来越露骨。娄眉再一次表明自己的态度后，不再回复任何信息。

直到有一天，娄眉下班后发现这个男人竟然在公司门口等她。娄眉有些生气，很严肃地表明了自己的态度。也是从这天起，娄眉地狱般的日子就开始了。这个男人随时会出现在娄眉的面前，无论是在上下班的路上还是在家门口，有时候甚至在她和同事聚餐的饭店里也能看到他的身影。

娄眉开始觉得事情不对劲，想约男人谈谈并表明自己的态度，请他停止这种行为，但这次谈话让娄眉觉得问题没那么简单。娄眉发现这个男人根本不在乎她说什么，而是自顾自地说他知道娄眉喜欢他，只是不好意思表达。

“你怎么会不喜欢我呢？吃饭的时候，你怕我花钱，和我AA。你还给我倒了一杯水，你给我递餐巾纸，你看我的眼神里充满了迷恋，我知道你想和我过一生。你聊我的工作，可见你很关心我，我知道你爱我爱到无法自拔……”以上，都是这位男士的话。娄眉觉得对方简直就是一个幻想狂。

这次拒绝不但没能让情况改观，反而让他变本加厉了。男人每天不断地给她打电话、发信息，娄眉把这个男人的电话果断拉黑后，男人竟然直接把电话打到她公司和父母家。除了告诉娄眉的父母他们如何相爱，甚至还和娄眉公司的前台说自己与娄眉多么亲密。很快，全公司都传开了。

娄眉在忍无可忍之下报了警，但是警察对此也没有办法，批评教育这个男人之后便让他走了。回去之后，娄眉就把对方的微信也拉黑了，但她不知道的是她的朋友圈早已被男人看了个遍。这个男人拥有缜密的逻辑思维能力，他能够从朋友圈的蛛丝马迹中分析出很多有价值的信息，从而轻而易举地找到娄眉。他甚至注册了一些小号来加娄眉，并谎称谈业务。

之后，娄眉又报过几次警，但是苦于没有证据，警察拿这个男人也没有办法。最终，娄眉选择了放弃，她真的没有办法对付这个男人了，索性离开了这座城市。

娄眉来到了一个小城市生活。几个月之后，她竟然又一次看到了这个男人，她气得拿起一根棍子就追了过去。从此以后，男人再也没有露过面，娄眉很清楚，并不是自己的举动威慑到对方了，因为她之前也采用过更狠的方法都没有效果。冷静下来之后，娄眉分析这个男人是做金融的，而且是公司高管，不可能离开大城市，再加上两地之间坐高铁也需要6个小时，时间成本太高，所以对方才会放弃。

娄眉的遭遇就像是电视剧里的情节，但有时现实世界就是这样戏剧化。此案例中的高管男通常被称为跟踪狂。跟踪狂一般以男性居多，他们常常有感情失败史，智商很高，与同龄人相比往往缺少正常稳定的工作，个别患者拥有正常且体面的工作，但往往没有稳定可靠的情感关系。

跟踪狂分为五种：亲密的跟踪者、无能的追求者、被拒的跟踪者、愤恨的跟踪者和猎捕式的跟踪者。此案例中的男人属于亲密的跟踪者，他的特点是双方之前无亲密关系，遇到自己喜欢的，往往容易有妄想倾向，相信两人注定会在一起，虽然中间会有一些因素妨碍关系发展，但仍偏执地坚持。无能的追求者的主要特点是单纯寻求爱意，对情投意合不报奢望，社交能力较低，且有怪异行为，在遇到困难后，会转向新目标。被拒的跟踪者的特点是双方之前有过亲密关系，不肯接受关系的结束，想要复合，可能带有复仇倾向。愤恨的跟踪者的特点是双方之前有过亲密关系或频繁互动，要求对方补偿自己被拒绝造成的伤害，通过恐吓和威胁获得掌控感。捕猎式的跟踪者的特点是通常发生在陌生人之间，伺机实施侵犯或攻击，很可能成为连环杀手。

德国海德堡大学曾对679位女性进行调查，研究表明近12%的女性有过被跟踪的经历，可见跟踪狂在世界范围内还是普遍存在的。

跟踪狂大多是因为追求对方被拒后，无法处理失恋的心理冲突，便有可能不顾别人的感受和法律，成为一名真正意义上的跟踪狂。

英国莱斯特大学的心理学家洛林·谢里丹说："跟踪狂个个都很聪明，甚至可与高智商犯罪分子相比。"的确如此，在相关案例中，我们也发现了这一点。跟踪狂多为男性且智商过人，极端热衷于自己的想法，认为自己臆想出来的恋情是真实存在的，并且坚定地认为自己所钟情的对象也同样爱着自己。

那么，受害者应该如何保护自己呢?

对于这类人，我们一定要明确表达自己的态度，和他切断联系。如果对于当面表达有担心，我们还可以通过文字或录音的方式说明，并坚决拉黑对方，无论跟踪者问什么，都不做进一步解释回应，以显示自己的决绝。

此外，一定要保留好证据。比如，在跟踪者实施跟踪行为时，我们可以秘密进行录像、录音等，记录被跟踪的时间、地点，具体发生了什么等，以备在对方做出进一步侵害行为时能及时有效地得到亲友和警方的支持。

面对死缠烂打型的跟踪狂，我们有时必须做出牺牲，比如更换手机号、社交账号等，让对方死心的做法之一就是让他找不到我们，让对方失去任何可以跟踪我们的蛛丝马迹。

当然，我们在面对这类人时千万不能掉以轻心，因为我们并不知道他们病情的严重程度。不是说换了手机号他们就联系不上我们了，在互联网时代，找一个人是很容易的，尤其是这些家伙智商都不低。当他们的欲望得不到满足时，他们很可能做出更进一步的过激行为。所以，我们一定要避免单独外出，尤其是天黑人少的时候。因为在关系刚刚结束时，跟踪者可能会频繁出现，他们也许是因为无法释怀想要复合，也许是因为想伺机报复。因此，我们可以预备一些简易的防身器具，如防狼喷雾等。对于大部分病情没有那么严重的跟踪狂，不回应他们就是最好的方法。也许过一段时间，他们就会逐渐消失。

最后，建议有跟踪癖的人，最好找心理咨询师聊一聊，用专业的手段解除自己的心理冲突，以及失恋带来的报复心态和追踪行为。

我的老板不正常

失业大半年后，梁霜终于找到了令她颇为满意的工作，这家公司虽然规模不大，但待遇不错，相对稳定。梁霜的职位是办公室文员，这对于普通院校行政专业毕业的她来说已经非常不错了。同事中有好几个年龄相仿的女孩子，很好相处。老板是一个看上去很和善的中年男人，在报到的时候让梁霜好好干，并鼓励了她一番。

然而，让梁霜没想到的是，她的老板是一个控制欲很强的人。梁霜正式开始工作后，老板总是不分时间、场合给梁霜打电话布置或指导工作，事无巨细。有时是为了一份合同，有时是为了一份方案，不管梁霜是在洗澡、吃饭还是在睡觉，老板的电话随时会打过来，有时甚至是在半夜。而且公司有一条不成文的规定，只要是工作上的电话，员工必须第一时间接起，否则就要扣钱，如果有人超过三次没接电话，会直接被开除。这让梁霜不胜其烦，老板是一个工作狂就算了，还是一个控制狂。写方案不放心，就连打印他都要盯着，梁霜心想："还招人干什么，自己干不就行了！"

后来，梁霜发现老板的控制欲也不是只针对她。老板对于任何一个员工都不信任，都会事无巨细地指导、参与，虽然他也会让员工提意见，但是无论员工提出什么样的建议，最后事情还是要按他的思路进行，否则就会挨批。

很快，梁霜又领教了老板偏执狂的一面。老板对于员工的工作时间有着严格的要求，每天上班时，他会拿着秒表站在公司门口，别的单位迟到按分钟记，而她的老板是按秒记。就连上卫生间的时间老板都不放过，公司的卫生间里竟然贴上了员工大小便的时间表，进出都需要签到。

晚来不行，早走更是不可能的。每到快下班的时候，老板就会安排额外的工作让大家加班，而这些无足轻重的工作会被老板说得无比重要。大家忙完工作之后，他还要开会。小公司就这么点业务，老板每天翻来覆去说个不停，他也根本不提问，就一直自顾自地说下去，似乎很享受这一切。但是如果你没有认真听，没有做出表情上的积极回应，他就会向你提问，而且他提出的问题刁钻古怪，大家基本上答不上来，这样一顿批斗的结果是免不了的。

上班这几个月，梁霜被搞得神经紧张，以至于听到老板的脚步声都会产生生理上的厌恶感。梁霜开始失眠、精神恍惚，她每天和同事诉苦，表示自己实在受不了了，准备辞职。然而，大家只是苦笑着安慰她说，咱们这个城市这么小，工作圈子就这么大，我们也没什么专业知识，工作不好找。况且，你换一家公司，老板就会比咱们的更好吗？

听完这句话，梁霜的心都凉了。

世界之大，无奇不有。梁霜可能遇到的是一位极具控制欲的老板。控制欲很强的人在生活中比较常见，他们的存在方式往往是不遗余力地试图支配所有人，事无巨细地替对方做主。案例中梁霜的老板便是这样的人，他利用自身职权，对员工表现出各种控制行为，喜欢操纵，享受世界围着自己转的感觉。但从心理学角度来讲，让他们做出这种控制行为的源头其实是焦虑。也就是说，他们的行为从表面上看是为了控制他人，但其实这是他们对自身焦虑和无能感的一种回避。他们的做法看似很糟糕，但对他们而言，至少也是个办法。

控制欲很强的人的问题起因可能是早年的成长环境，比如家庭关系混乱，边界不清。由于父母经常指责和虐待他们，让他们在家中战战兢兢，时刻处在高度警戒状态，从而避免可能发生的危险。

这种早年的成长环境，让他们逐渐养成了一种警觉、敏感的心理，他们必须确保事情的发展是对自己有利的，不然就会焦虑不已。而控制别人可以让他们减轻这样的焦虑，所以这样的问题行为就保留了下来。然而，值得注意的是，很多有控制欲和控制行为的人，并不觉得自己是在控制他人，他们会把自己的行为美化成真诚、负责的“正常现象”。从另一方面来讲，焦虑感决定了他们有很多的自我关系冲突，比如容易进行自我批判，难以灵活应对问题等特点。

如果你的身边也有类似的人，你需要怎么做去避免他对你的控制呢？

首先你需要找到根本原因，你需要理解，焦虑可能是引发他们控制行为的主要原因。也就是说，他们试图控制你，并不是因为你做错了什么。这样做虽然不会减少他们的控制行为，但至少会让你去理解他们，避免自己出现过多的负面情绪。

接下来，你可以和他们谈论你的感受，不要去评判他们的行为。比如，当领导有一些不当的行为时，你可以委婉地告诉他：“我是很尊重您的，所以想坦诚地表达一些想法，如果说错了，还希望您能担待。我希望在我下班以后的时间里，您能少给我安排一些工作，太有压迫感会让我很难接受。”

如果这样做不管用，你也不要抱怨，否则会一发不可收拾。你可以试着问问他们担心的是什么，为什么一定要这么事无巨细地操心。让他们知道某些事你自己一个人就可以搞定，你是值得信任的，他们对你放心了，控制行为就会相对减弱。

其实控制欲强的人往往自己也很痛苦，我们要主动创造机会让他们认识到自己的问题，并建议他们寻求心理咨询师的专业帮助。在与他们斗智斗勇的过程中，我们会用很多方法有意识地想要改变些什么，尽管很可能无济于事，但一定要放平心态，毕竟想要改变一个人的习惯是很难的，尤其是那些控制欲很强的老板，因为他们成功过，所以一般不愿意听从他人的建议。

03 第三章

你是否遇到过精神障碍者?

多重人格障碍者：遇到多重人格障碍者是一种怎样的体验？

【自测】

你想知道自己的身体里面，除了你自己，还住着几个人吗？这是一个娱乐性质的多重人格心理测试，让我们轻松一下吧。

情人节到了，你和爱人来到一家高级餐厅，到了之后发现餐厅已经爆满，而你的爱人却忘记预约座位。请问你会有怎样的反应？

A. 虽然很失望，但仍然会原谅对方。

B. 错愕几秒后，坦然接受，表示换一家吃饭也无所谓。

C. 非常生气，这样的日子竟然忘记预约座位，于是独自离去。

D. 一句话都不说，转身就走。

【测试结果】

A. 你的多重人格倾向很低，情绪出现起伏是人人都会有的情况，而你的理解与包容说明你是一个正常人。

B. 你具有多重人格分裂的倾向，在不同情境下会表现出不同的面貌。你的应变能力、适应能力都很强，然而缺乏一定的原则。

C. 你非常正常，毫无多重人格倾向。

D. 你有一点多重人格倾向，性格落差很大，喜怒无常，自己也很难控制。

【症状】

· 患者体内存在两个或两个以上的独特人格。

· 每一个独特人格在不同的时间段，以不同的身份状态分别出现。

· 每一种人格都是完整的，有各自的记忆、行为、兴趣，有独立的名字、自我形象、身份象征以及不同的个人经历。

· 患者会突然失忆，完全无法识别之前的身份，而迅速切换至另一种身份进行日常活动。

· 其中一些人格知道另外人格的存在，另一些则不知道。

· 人格转换可能会由于一些特殊生活事件引发，也会因为联想引发。

· 每一种人格之间的相互转换可能是突然的，也可能是逐渐转换的。

· 部分患者会出现幻觉。

【案例】

小青租下了一间两居室的小套房，为了分担费用，她把客卧租给了小蕊。小青文静、清秀，戴着眼镜，扎个马尾辫，说话带笑，轻言细语，是一个非常温柔、娴静的女孩，家里也收拾得整洁干净。她大学毕业后在一家培训机构一边教英语，一边准备考研。

小蕊第一眼看到小青的时候就决定租下这间房了。两个女孩就这么合租在一起，相处得也非常愉快。小蕊在住进来之前听朋友们说过各种奇葩合租室友的八卦，忍不住觉得自己非常幸运。当然，小蕊也没想到，相处还不到一年时间，她就逃离了这里。

那是一个普通的周末，小蕊和小青一起买菜做饭，开开心心地吃了晚餐，小青一如既往地抢着把厨房收拾干净后就回房间复习去了，小蕊则在客厅里看电视。过了不一会儿，小青出来了，小蕊回头的瞬间惊呆在原地：只见小青一改往日的模样，一头金黄的鬈发，化着很浓的烟熏妆，穿着暴露，一双绑带的高跟鞋，眼神凌厉。小蕊见状，说话都不利落了："小青，你这是怎么了？"

小青冷漠地看了她一眼，眼神中带着轻蔑，"哼"了一声就走了。小蕊脑袋里一片空白，这人是小青吗？是不是她今天心情不好？小蕊躺在床上想着明天要问问她，到底怎么了？

第二天，小蕊醒来后，想到昨晚小青的样子，赶紧爬起来冲到客厅，只见小青和平时一样温柔地招呼小蕊吃早餐。小蕊小心翼翼地看着小青，发现小青真的和平常没什么不同，她开始怀疑自己昨天是不是在做梦。小蕊问小青，昨天晚上是怎么了。小青毫不意外地说："哦，你说玫瑰吧，她在酒吧唱歌，她不常来的。"

小蕊心里一惊，同时更加迷惑了，这是怎么回事？是不是小青压力太大了，用这种方式发泄一下？她看小青没有再接话，很明显是不想聊这个话题，就没有追问下去。

没过多久，有天早上小蕊起床之后，记得小青那天没课，便轻手轻脚地起来准备收拾一下，免得吵醒小青。等她收拾完准备出门时，看见小青从房里出来，又让她愣在了原地：今天的小青留着黑色短发，化着冷艳的妆容，一套青色的职业装，不苟言笑，看起来就像小蕊公司的女上司。她用非常陌生的眼神看着小蕊，语气凌厉地说："你是谁？有事公司里说，跑到家来算怎么回事？”

小蕊那天是飞奔出家门的，她被吓得不轻。小蕊怎么想也想不明白这到底是怎么回事。下班之后小蕊又见到那个温柔的小青，于是问她怎么回事。“哦，你说王经理啊，她又来了？真是烦人！”

小蕊彻底迷糊了，她越来越怀疑小青是不是有精神病。有一天，她趁着小青不注意，悄悄进入了小青的房间，发现柜子里有好几个假发，那个“玫瑰”和“王经理”的衣服也都在，还有其他几套之前没见过的服装。这到底是怎么回事啊？后来又经历过几次这样的情况，小蕊实在受不了了，有一次半夜竟然被吓哭了。

小蕊平时也不读闲书，不懂心理学，刚毕业人生阅历也不足，根本不知道小青是怎么回事，于是租期没到就跑了。后来，她在工作中遇到了一个小青的同事，才知道小青的确有精神方面的问题——多重人格障碍。小蕊吓坏了，回去查资料，想弄明白多重人格障碍到底是怎么回事。

最有名的多重人格障碍者就是威廉·密里根，也被称作比利·密里根，他于1977年因在俄亥俄州立大学犯下三宗强奸罪被警方逮捕。此前，比利已经因为多次持械抢劫被捕入狱。他就是纪实传记《24个比利》的原型人物，比利患有罕见的多重人格分裂症，在他的体内存在24个不同的人格。

在英国有一个叫道恩·泰勒的女子拥有22重人格。有时候，她竟然会变成5岁的小女孩黛西，然后瞬间变为60岁的玛丽。每一次变身之后，道恩·泰勒完全不记得先前发生了什么，她说：“我觉得我半辈子都好像处在醉醺醺的状态中。对我来说，不管是哪个人格控制着这具身体，我始终都是我。但是，当我清醒过来，我真的什么都不记得，这才是恐怖的事。”

小蕊越看越害怕，庆幸自己逃了出来，否则哪天遇见小青身上更可怕的人格，还不知道会发生什么事。

【解析】

在本案例中，小蕊的合租室友小青就是一个多重人格障碍的患者，小蕊在发现室友的违常行为后，果断选择了搬离住所。多重人格障碍又称解离性人格障碍。顾名思义，他们会有区别于常人的人格违常现象，没有稳定的人格特性，反而会表现出巨大的人格差异，比如某人的原人格是害羞、压抑的，新人格却有可能是开放、外向的，还有的人会表现出三种或三种以上不同的人格。

至于多重人格障碍者的发病原因，多是遭遇了一些变故或突发事件给精神带来了严重刺激，从而诞生了不同的人格。比如，某人的性格本来相对孱弱，因为不自知或不懂得保护自己，而产生了一些刚强、不爱表达的亚人格。时间长了，当他遇到一些精神压力大的事件时就会迸发出人格违常的现象。多个人格会因一定的条件而切换，或因混乱而发疯，或同时掌握身体的控制权等。这种感觉像极了被他人抢走车钥匙，而自己则被锁在车里。

案例中，小青的人格中包含了“小青”“玫瑰”“王经理”三种人格特质。从精神分析的角度考虑，她的这三种人格分别对应了弗洛伊德“三我”理论中的自我、本我和超我。

这该怎么解释呢？先从“小青”的人格角色说起，她的行为举止一般比较符合常规和现实的要求，表现比较稳重，是自我的角色。当她转换成了“玫瑰”这个人格角色时，她变得着装浮夸、态度轻佻，很符合“本我”快乐原则的特点。而当她转换成了“王经理”的人格角色时，她会变得单调、呆板，道德化色彩极浓，所以是符合“超我”完美主义的原则。

正常人的“三我”是比较统一和协调的，它们往往是符合社会准则，遵循自我的现实原则，调和本我与超我之间的矛盾冲突。而多重人格障碍患者，则表现出“三我”之间的不合时宜的切换与重组。

如果你想了解自己或身边朋友有没有多重人格障碍，可以对照一下。多重人格障碍者的主人格和次人格不会同时存在，所以不存在两个人格之间的对话。也就是说，一个人经常自言自语，这样的情况是不符合多重人格判定标准的。相反，他们之间的联系是可能认识但从未谋面，就像案例中小青说：“哦，你说玫瑰吧，她在酒吧唱歌，她不常来的。”或说：“哦，你说王经理啊，她又来了？真是烦人！”

当从次人格切换回主人格时，次人格经历的一切主人格可能都没有一点记忆。但是次人格知道自己是次人格，而且非常清楚。心理咨询师建议，患有多重人格障碍的人最好选择住院治疗，因为他们中的某个人格可能极具攻击力，因此需要引起患者家人的重视，早发现、早治疗，避免悲剧的产生。

妄想症者：你的脑海里有一个洞

【自测】

这是一套妄想症自测题，共10道题目，请根据实际情况选出最符合你的一项。

1. 只要不是自己亲手烹饪的食物，总觉得不干净，因此很少在外面吃饭。

A. 很少　B. 有时　C. 大部分时间　D. 绝大部分时间

2. 一个人在家的时候，经常担心有人敲门，尤其是晚上，担心会有坏人破门而入伤害自己。

A. 很少　B. 有时　C. 大部分时间　D. 绝大部分时间

3. 当你发现同事或朋友聚在一起私聊时，总认为他们是在谈论你，或者是在说你坏话。

A. 很少　B. 有时　C. 大部分时间　D. 绝大部分时间

4. 睡觉时如果有一点响动，你就会感到害怕，总觉得窗户外面有东西。

A. 很少　B. 有时　C. 大部分时间　D. 绝大部分时间

5. 总是感觉被跟踪、被诽谤、被排挤，甚至是被人下毒，然而却毫无根据。

A. 很少　B. 有时　C. 大部分时间　D. 绝大部分时间

6. 总觉得自己内心的想法被别人看透，自己从来没说过，但是所有人似乎都知道了。

A. 很少　B. 有时　C. 大部分时间　D. 绝大部分时间

7. 总是觉得自己被奇怪的东西控制，无论是心理活动还是行为，都会被如无线电、光波、神秘射线所干扰。

A. 很少　B. 有时　C. 大部分时间　D. 绝大部分时间

8. 总是认为自己才华横溢，拥有无尽的财富以及至高无上的权力，似乎全世界只有你最厉害。

A. 很少　B. 有时　C. 大部分时间　D. 绝大部分时间

9. 怀疑、猜忌另一半对自己不忠，于是跟踪、监视对方，但是根本找不到证据。

A. 很少　B. 有时　C. 大部分时间　D. 绝大部分时间

10. 在街上闲逛时，会毫无征兆地感觉自己被追杀，于是夺命而逃。

A. 很少　B. 有时　C. 大部分时间　D. 绝大部分时间

【测试结果】

首先要说明的一点是，任何测试都只能起到参考作用，有些甚至是娱乐性质的，并不要以此给自己贴上标签。如果你真的有所怀疑，还需要去专业的医疗机构鉴定。

以上 10 道题中如果你的答案大部分是 A 或 B，说明你没有太大问题；如果你的答案以 C 或 D 居多，那么就有必要引起重视了，你需要根据自身情况，选择是否要找心理咨询师或心理医生看一看。

【症状】

· 妄想症患者对他人缺乏基本信任，总觉得别人对自己有敌意，很难与他人建立起良好的关系。

· 看不到自我界限，看不到别人眼中的自己。

· 极其自私，习惯以自我为中心。

· 无法正确认识自我，缺乏认识自己的动机与态度。

· 某些患者会因为身处特殊环境而发病。

· 患者认为别人的言论、行为都与自己有关，都是在暗示自己。

· 患者会认为自己犯了大错，或者是犯下严重的罪行。

· 患者认为自己的情感、思维、行为活动都受到外界某种力量的操控。

· 患者毫无根据地认为自己患上了某种严重的疾病。

【案例】

荷叶很喜欢看网络小说，尤其喜欢看穿越题材的小说。她特别喜欢一个叫“望月”的作者，虽然这个作者的小说点击率一般，看的人也不多，但荷叶还是常常评论、打赏。后来，她终于和作者成了朋友。也知道了作者有个又爱她又能赚钱的老公，还有一对正在上小学的龙凤胎，简直太幸福了！

但是最近荷叶很担忧，事情起源于作者望月正在连载的一篇小说突然停更了两个月，人也联系不上，荷叶不知道望月是不是出了什么事。正在荷叶担心时，望月突然联系她，还没等荷叶问候呢，望月就说：“我找到我的前世恋人了。”荷叶愣住了，而望月接下来的话让荷叶彻底蒙了。

望月说她认识了一位男性读者，发现他就是自己小说里主人公的原型，而他们两人前世就在一起，是一对有着无数纠缠的恋人。自从确定了这件事之后，望月毅然和老公离了婚。因为既然是前世爱得要生要死的恋人，这一世有缘再次相见，绝不能辜负对方，因此下定决心与老公离了婚。

以上就是望月消失近两个月的原因，荷叶听得云山雾罩。望月更加详细地给荷叶讲了她和“前世恋人”的故事。刚开始，这个男读者看了望月的小说后，给出了一些评论和建议，而望月也给了回复。渐渐地，望月觉得这个男读者和她就是小说里的男女主角，她写出来的小说其实是她的潜意识在记录两个人的前世。

在安静的时候，望月甚至能听到这个男读者在对她说话。虽然她和这位男读者相隔千里，但她能感应到他的一切，从精神上到生理上。比如，如果他喝了酒，望月就有醉的感觉；他伤了脚，望月的脚也会疼；他坐车出门，望月也会有晕车的感觉；甚至他的情绪不好了，望月也会很忧伤。总之，他的喜怒哀乐、身体的变化，望月都能同步感受到！荷叶问她：“这些是他和你说的？”望月不屑地说：“我们之间不用说，他知道，我也知道。”

荷叶越听越觉得匪夷所思，于是她让自己冷静下来，心想望月是不是遇见骗子了，便追问望月这位男读者的具体情况，这一问，荷叶更加觉得不对劲了。望月说她和这位“前世恋人”并没有见过面，只通过 QQ 联系，两人也没有通过视频和电话，甚至连相片都没见过！望月说这位男读者为了不影响她现在的生活，狠心把她拉黑了。之后她换了很多个号，他都知道是她，因为心灵相通，因为他们注定是要在一起的，不管前世还是今生。所以望月毫不犹豫地离了婚，并且没有告诉男读者自己离婚的事，因为他肯定会感应到。

“这不对啊。”荷叶想，这连网恋都谈不上。而且从望月所说的情况来看，男读者顶多就是和她聊了一下小说情节而已，和她并无更多的交流，还拉黑了她。莫非这些都是望月自己想出来的？写穿越写得自己分不清现实与小说世界了？

荷叶很郁闷，她想起邻居的奶奶在老伴去世后性情大变，除了大伯，任何人给她做的饭、买的水果与食物她都不会吃，说里面有毒。家里人，哪怕是孙子来了，她都要赶走，说他们是坏人假扮的，要来杀她，更别提出门或见陌生人了，她连生了病也不去医院。总之，在奶奶的世界里，除了大伯，其他全都是要杀她的人。后来，大伯哄着奶奶去了医院，医生说奶奶患的是妄想症的一种：被害妄想症。

荷叶就想，或者望月也是患了妄想症吗？她很婉转地向望月提过，而望月却拉黑了她，再也联系不上了。看着一直没有更新的小说，荷叶常常想起那个曾经幸福的小女人。

【解析】

案例中的主角望月是集幸与不幸于一体的人。幸运的是，她有一个正常的家庭，她擅长写作，还有一批忠实的粉丝。不幸的是，她亲手葬送了这一切在常人看来得之不易的幸福。

这一切都要归因于她得了妄想症。严格来讲，从心理学角度，没有妄想症这样的诊断，但是妄想却是很多思维内容异常的问题中最常见的症状之一。它主要表现为患者常有一种非理性、不切实际却被患者坚信不疑的错误信念。

妄想症分很多种。望月的妄想状态应该是一种钟情妄想症的表征，常见于精神分裂症患者，具体发病原因不详，通过对已康复的患者进行了解，总结出来几个常见的现象。

1. 经常熬夜，往往睡眠质量不好，作息紊乱。

2. 严重缺爱，自己的欲求得不到满足，产生很多匮乏的感受，且经常自责、内疚。

3. 经常宅在家中，不爱运动，不爱交流。

4. 对于亲密关系一直采取回避的态度，沉溺在对爱的幻想中不能自拔。

5. 没怎么被老师喜欢过，但他们对被爱和被欣赏的渴望一直很强烈。

在这个充满压力与挑战的社会中，我们的身心受到太多变数的影响。性格因素、家庭因素、社会因素，都可能成为压死骆驼的最后一根稻草。我们不以为然的一个眼神，一句闲言碎语，都可能成为压垮某个人的导火索。有心理压力的人太多了，望月究竟经历了什么，我们无从得知，但是可以推断的是，她那情感细腻的文字一定能透露出一些玄机。

我们可以注意这样一个细节，望月所钟情的读者，只是评论了一番她的作品，就让她有了一种错觉，误以为这个读者就是自己前世今生命中注定的人。因为她小说中的主人公经历的就是这样的情节。她开始出现一些不切实际的幻想，这样的体验激活了她的少女心，并且让她越陷越深，难以自拔。甚至在对方觉察到后拉黑了她，望月依然执迷不悟。

患有钟情妄想症的人往往缺少自知力，他们不会认为自己有病，也不会主动求医。正是这样的特点，往往会给他人带来一些损害，他们给他人造成的通常不是人身上的伤害，而是一些不必要的麻烦。

除了钟情妄想症，还有一种比较常见的妄想症，即被害妄想症。被害妄想症患者往往不会给别人带来困扰，而是不断地给自己制造困扰，总觉得有人要害自己。无论是哪一种，我们都希望有问题的人能够得到专业人士的救治。

洁癖症者：我的世界必须是洁净的

【自测】

洁癖是强迫症的一种症状，轻微的洁癖没有太大关系，可以解释为你对生活品质有严格的要求。一旦洁癖行为超过一定限度，发展成洁癖症，就会对患者的生活、工作造成很大的影响。洁癖症严重的人，实际上是需要去看心理医生的，只不过日常生活中很多人没有意识到自己的问题有多严重。那么，你有洁癖行为吗？到了怎样的程度呢？请根据实际情况回答下面的问题。

1. 你只用自己的东西，如果别人碰了你的东西，你会非常厌恶，即便反复清洗，心里也会感到别扭。

A. 完全符合　　B. 基本符合　　C. 不符合

2. 你从不允许别人坐在你的床上，如果被人坐了，你会马上把床单拿去换洗。

A. 完全符合　　B. 基本符合　　C. 不符合

3. 你的东西必须摆放得井井有条，绝不允许乱摆。

A. 完全符合　　B. 基本符合　　C. 不符合

4. 你总是一个人吃饭，并非不合群，而是认为一起吃不干净。

A. 完全符合　　B. 基本符合　　C. 不符合

5. 除非是你自己的物品，对于其他人的物品，你摸过之后一定会反复洗手。

A. 完全符合　　B. 基本符合　　C. 不符合

6. 你无法接受衣服上有任何污渍，如果洗不干净就会直接扔掉。

A. 完全符合　　B. 基本符合　　C. 不符合

7. 即便有捷径，你也要按照固定的路线行进。

A. 完全符合　　B. 基本符合　　C. 不符合

8. 你喜欢的人如果和别人关系太近，你会很难接受。

A. 完全符合　　B. 基本符合　　C. 不符合

9. 你对于内心抗拒的东西，无论别人怎么说都会拒绝。

A. 完全符合　　B. 基本符合　　C. 不符合

10. 你是一个循规蹈矩的人，任何事情都要按照计划进行，一旦被打乱，内心就会极度烦躁。

A. 完全符合　　B. 基本符合　　C. 不符合

【评分标准】

选 A 得 3 分，选 B 得 2 分，选 C 得 1 分。

【测试结果】

你的得分在 10~15 分，洁癖指数：★★

你的洁癖程度属于正常范围，并没有表现出十分苛刻的行为，甚至有时候表现得比较随意，不修边幅。

你的得分在 16~20 分，洁癖指数：★★★

很显然，你是一个爱干净、讲卫生，做事有计划的人。你对生活品质有要求，但是还不至于过于挑剔。总之，你的洁癖属于正常范畴。

你的得分在 21~25 分，洁癖指数：★★★★

你的洁癖程度有一些高。一方面，你在卫生方面有着很高的要求；另一方面，你对于做事的秩序、条理也非常看重。你总是觉得外面的东西很脏，并且认为大部分人做事毫无条理。你的心理倾向完美主义，这会让你承受很多不必要的负担。

你的得分在 26~30 分，洁癖指数：★★★★★

你是一个典型的完美主义者，无论是在卫生、秩序还是在情感方面，你的要求都近乎苛刻，一般人根本无法达到你的要求。正因如此，你会饱受折磨，你的洁癖症已经到了要去咨询心理医生的地步。

【症状】

· 洁癖症患者在主观上感到有某种不可抗拒的观念、情绪、意向或行为存在，他们知道这些行为毫无意义却又无法停止，并且感到焦虑与恐惧。

· 患者无法忍受脏东西，如不喜欢留长指甲。

· 在清洁方面，患者不仅对自己，对他人的要求也非常严苛。

· 不喜欢与陌生人握手，不喜欢别人碰自己的东西，出门回家一定要洗澡，等等。

【案例】

俗话说“宁拆十座庙，不毁一桩婚”，但是刚结婚不到一年的大力离婚了，同事们却窃喜不已。这不是因为大力为人不好，相反，大家都很喜欢他。虽然大家都纷纷安慰他，却个个面露喜色，大力自己也是如释重负。这是为什么呢？还得从大力的老婆说起。

大力结婚前是一个大龄男青年，在亲戚朋友的帮助下，终于和一个姑娘在认识三个月后结了婚。姑娘不爱说话，很文静，谈恋爱时没看出有什么特别的地方。结婚之后，大力最大的变化就是比之前利落了，每天都干干净净的，连皮鞋都擦得一尘不染。同事们纷纷感叹大力有福气，而他每次都苦笑着叹气。

婚后不久，同事们总说要去大力家聚餐，而大力每次都找借口推辞，直到再也无法推辞。这一去，大家终于明白了为什么大力总是叹气了。同事们一进门就开始啧啧称赞，一眼望去，整个房子一尘不染，洁净透亮，就跟刚装修好的新房一样。在大家闹着换鞋或者拿鞋套时，第一个尴尬的场面出现了。一堆人挤在门外，大力的老婆指挥着丈夫给大家换鞋，大家没想到换个鞋流程也这么复杂：脱下的鞋先用塑料袋装了，还要装两层，装好的鞋整齐地放在门口的一个纸箱里。然后用保鲜膜裹住脚，要连裤脚一起裹住，再换上一次性拖鞋，这样才能进屋。一行人完成这一道程序，总共花了 30 分钟。同事们刚才的笑容早就没了，而是一脸疑惑。

终于进屋了，房间里简直太干净了，没有一点杂物，所有东西都整整齐齐地排列在那里。经过刚才这么一幕，大家都有点拘束，规规矩矩地坐在沙发上不敢动。大力倒茶，大家闲聊，而大力的老婆就站在那里，眼睛死死地盯着同事们手里的茶杯，聊天则是漫不经心。只要是谁喝了茶放下杯子，大力老婆就会过来把杯子整理一下。同事们觉得很奇怪，但是很快就有人发现，原来一溜杯子一定要排得整整齐齐，连杯上的花色都要朝向同一个方向。这时，大家不仅感觉有些别扭，还觉得有点吓人。有同事坐不住了，站起身来溜达溜达，大力老婆径直走过来，把沙发上的坐痕抹平。这时已经有人快受不了了，惊愕地睁大眼睛看着大力。

终于熬到了午饭时间，大家想着可以放松一下了吧。然而，更精彩的一幕上演了。餐桌上每人一套一次性餐具，跟在饭店吃饭似的，筷子、勺子也是朝同一个方向整整齐齐地摆在盘子旁，就跟用尺子量过似的。看到这里大家都明白了，要想不遭白眼，一定要记住餐具摆放的方向。很多大大咧咧的同事看到这架势，索性吃一口摆摆样子，生怕搞错餐具位置。这顿饭吃得大家消化不良，同事们都想着赶紧撤退。出了门，有人自嘲道："真是自找麻烦，怪不得大力总是找借口不让咱们来呢。"

大力老婆的强迫症已经到了病态的程度，不仅是自己，还拉着大力一起。大力是一个随性的人，有时还有点邋遢，经过这几个月的调教，可以说"整个人都不好了"，每天无精打采，经常被领导批评。大力也带着老婆去看过心理医生，但是无济于事，而且妻子的逆反情绪严重。没办法，大力终于下决心结束了这段婚姻，即便是一辈子打光棍，他也不愿意受这份罪了。

【解析】

大力老婆表现出来的问题叫洁癖症，洁癖症是强迫症的一个亚型，患者主要表现为会把一般人认为正常的事物当成不洁之物，必须反复清洗，不然就会感受到精神上的痛苦，还会伴有一些强迫性的仪式化行为。什么是强迫性的仪式化行为呢？比如，在案例中，让大力同事在门口换鞋的这一道道工序就是一种强迫性的仪式化行为。轻微的洁癖一般不需要治疗，把它当成一种爱清洁的好习惯就可以。但是像大力老婆这样把生活、情感弄得一团糟就另当别论了，求助心理咨询是必需的。

至于洁癖症的发病原因，心理专家一般认为很可能是患者在小的时候有严格要求他们的家长，让他们在成长的早期习得了一种无所适从的感受。土耳其著名的心理病学教授巴津指出，那些在少年期受到家长严厉管制的孩子无法适时表达自己的情感，处处受限，这样的早年环境导致了他们压抑的情绪状态。父母还会限制他们的社交，以至于他们找不到朋友倾诉。管教严苛，无法适时表达自己的喜怒哀乐，当他们遇到问题时也不会求助于家长，而是一个人承受着巨大的压力。无奈之下，他们开始寻求宣泄渠道，寄希望于不停地洗手或清洗某物来发泄内心对某事或某人的愤怒。

洁癖有别于一般的爱干净，洁癖症患者显然要比一般人爱干净很多，这使患者不得不花很多不必要的时间和精力在清洁上，以至于脱离社会和人群。就像案例中的大力老婆，把家里打扫得异常干净，连客人也不允许出现任何一点瑕疵，把几位同事搞得很别扭，其病态程度让人咂舌，甚至导致了家庭危机，最后两人以离婚告终。

洁癖症患者自己也很痛苦，因为过度的清洁行为是他们不想要却无法控制的。他们也是受害者，是需要得到我们的同情和理解的。同时，他们也需要正视自己的洁癖问题，及早进行咨询。在心理咨询师看来，洁癖症患者在陷入痛苦时，应该从认知层面进行调整和改善，多问问自己，因为追求洁癖的习惯，把婚姻和生活弄丢到底值不值得。

我们经常会说，生活多一些色彩，强迫和洁癖的症状就会少一些。所以在干预的过程中，很重要的一点就是患者需要把注意力多放到洁癖行为以外的生活上，从此时此刻开始少思考与洁癖有关的事情，然后去做自己该做的事。患者对洁癖行为的态度应该是：忍受痛苦，顺其自然，为所当为。也就是说，在屋内不清洁时，自己要学会与难受的情绪共处，带着它投入生活中，慢慢学会接受。事实上，只要你学会了与它和平共处，问题就一定会解决。

068

选择恐惧症者：讨人厌的 A、B、C

【自测】

你有选择恐惧症吗？别不好意思承认，很多人都有，只不过程度不同而已。比如，你打算去超市买一瓶酱油，这么多牌子，到底买哪个？30 分钟之后，你愤愤地走出超市，懊恼道：“姑奶奶中午不吃了！”看吧，因为不知道该选哪一个牌子的酱油，一气之下中午饭都不吃了，这时候就需要反省一下自己是不是有选择恐惧症了。现在测一测吧，请你拿出一支笔，打开手机里的计时器，计算你做每一道题所用的时间。

1. 工作中，你最讨厌遇到的问题是哪一个？

A. 加班。

B. 被领导批评。

C. 与同事发生冲突。

D. 客户不给力。

E. 执行力太低。

F. 工作拖延。

2. 你去超市购物，结账离开走出一公里之后，发现自己把白糖落下了，你会怎么办？

A. 掉头走回去取。

B. 花一元钱扫一辆共享单车回去取，一袋糖价值 7.9 元。

C. 不要了，回头再买一袋。

D. 亏了，心里不舒服，结果回家干脆不放糖了。

3. 工作几年之后，你终于和妻子攒够了一笔钱，打算在北京买房，你会怎么选择?

A. 向家里要点钱凑够首付，在五环之内贷款买一套 70 年产权的房子。

B. 不向家里借钱，去郊区贷款买一套 70 年产权的房子。

C. 向家里要点钱，在五环之内买一套商住两用的房子。

D. 不向家里借钱，去郊区买一套商住两用的房子。

4. 假设你中了大奖，奖品如下，你会如何选择?

A.300 万元现金，需上税。

B. 一辆最新款的劳斯莱斯库里南。

C. 一套小公寓。

D. 为期 3 个月的环球旅行。

5. 如果可以选择，你最不想做的事情是什么?

A. 学习。

B. 工作。

C. 结婚。

D. 生子。

E. 早起。

F. 做饭。

G. 社交。

6. 你想成为一个聪明人，还是一个有魅力的人?

A. 聪明人。

B. 有魅力的人。

7. 假设下面这两个选项，你必须舍弃一个，你会怎么选择？

A. 再也不能上网了。

B. 再也不能见到自己的男朋友 / 女朋友。

8. 你想拥有过目不忘的记忆力，还是希望彻底忘掉一段不堪的回忆？

A. 过目不忘的记忆力。

B. 忘掉不堪的回忆。

9. 如果需要从下面两项中做出选择，你会怎么选？

A. 味觉消退，从此对食物没有兴趣。

B. 性欲减退，逐渐对性生活失去兴趣。

10. 你打算明天中午吃什么？

A. 拉面。

B. 麦当劳、肯德基。

C. 盖饭、炒菜。

D. 火锅。

E. 甜品。

对不同的人来说，困难的选择是不一样的，如对于爱美的女孩来说，出门约会穿什么才是最大的难题，而对学霸来说，上清华大学还是上北京大学才是最大的难题。英国《每日邮报》报道，相关研究人员对 2000 名英国成年人进行调查显示：一个人决定吃什么要花 7 分钟，决定去哪家餐馆吃要花 6 分 19 秒，决定要穿什么衣服出门要花 4 分钟，决定要看什么电影要花 4 分 19 秒。

言归正传，上面 10 道题，你做每一道题花费了几秒钟？

【测试结果】

用时 5 秒及以下——你是一个冷静果断的人。

用时 5 秒以上但不超过 15 秒——你是一个轻度选择恐惧症患者。

用时 15 秒以上但不超过 30 秒——你是一个中度选择恐惧症患者。

用时 30 秒以上——你是一个重度选择恐惧症患者。

【症状】

· 患者无法确定自己到底想要什么。

· 带有强迫性地追求完美，对所选事物赋予过多意义。

· 害怕犯错，并因此陷入焦虑情绪，曾经因为选择错误承担了巨大损失。

· 受到成长环境影响，自卑，害怕承担责任。

· 总是面临过多的选项。

【案例】

每当寝室的小姐妹们商量中午吃什么时，麦小辛都强作镇定，脑子却一刻也没停：饺子、面条、汉堡、米粉、盖饭……这是第一遍。如果今天实在太饿了，麦小辛可能会“快速”选出一个，比如盖饭吧，那么接下来她又会开始第二轮挣扎：吉野家、和合谷、田老师、南城香、成都小吃……

室友们总是一边打趣她患了选择恐惧症，一边往饭馆走，只有独自留下的麦小辛一声叹息，因为她是真的很难做出选择。每次室友问她吃什么，她都会感到莫名的压力，如果大家都在等着她，她甚至会额头冒汗，用指甲使劲掐手心。不信你看她的手掌心，肯定有一个大印子。迫于压力，麦小辛偶尔也会在没有做出选择时就跟着室友出门，然而她要么走到一半就一言不发地跑开了，要么进了饭馆发现不对劲摇摇头走人了，还有的时候都点完单了她又后悔了。

一切需要做决定的事，她都会纠结。早上醒来的那一刻，纠结的一天就算正式开始了：醒了之后是多睡五分钟还是马上起床呢？先上卫生间还是先洗漱呢？

今天穿什么衣服，配什么鞋子？有时候，她一看表，再不出发上课就要迟到了，她才随便穿上一件，如果和昨天重复了，那她一上午都没心思听课。

麦小辛无比感谢排课表这种“善举”，她觉得发明人一定是一个超级英雄，可以拯救她这种重度选择恐惧症患者。到了午饭时间，麦小辛为了避免自己过度纠结而最终出现饿肚子的情况，很聪明地选择让同学帮她买饭，同学买什么她就吃什么。

为了第二天可以安心上课，麦小辛从晚自习回到宿舍之后就开始琢磨明天穿什么，还会咨询室友们的建议。女生嘛，穿衣服这件事自然是热聊话题，但麦小辛竟然可以把大家折磨到宁愿泡在图书馆看书也不回宿舍面对她的终极提问。

说到和麦小辛一起购物，简直要了室友们的命。对女孩子来说，购物本应该是一件无比舒心的事，但是如果要和麦小辛一起去，室友们宁愿回去读书。学生们没有太多零花钱，所以去奥特莱斯看大牌服装的时候还好，毕竟大家都在纠结买不买，最后也大多是笑笑作罢，麦小辛的问题也就不是很明显。但到了十元店，室友们已经打开“买买买”的模式了，而麦小辛竟然纠结得不行。不仅是室友，就连卖家都疯了。大家越是焦急，麦小辛越是恐慌，甚至汗流浃背。她为了让自己镇定下来，每次都会狠狠掐自己，把周围的人吓得够呛。

麦小辛也不是没钱，就是买东西费劲，要说谁能从中受益，估计就只有她的男朋友了，毕竟可以省不少钱。然而，对于交男朋友这件事，麦小辛从大一开始想到了大三也没有决定。

麦小辛性格文静温柔，长得也不错，上了大学自然有不少男生示好，但她对谁都没有回应。大家议论她是不是已经有男朋友了，或者是这些人她谁也看不上。其实只有麦小辛知道，她不谈恋爱是因为自己不知道选哪个男孩好。麦小辛的追求者很多，室友们经常帮麦小辛分析众多追求者的特点。麦小辛越聊越来劲，越分析越痛苦，最后抱着床下的四妹说："哎，还是你最好，咱俩过吧。""别呀！"四妹很严肃地表了态。

【解析】

麦小辛的故事让我们看到了一个选择恐惧症患者的日常生活，麦小辛在生活起居、穿衣打扮、购物、找对象等方方面面都出现了问题，她在无法做出选择时会感到痛苦，甚至会掐自己。

看起来挺简单的一件事，为什么会让他们如此焦虑呢？对于大多数人来说，在购物、点餐时有一些小纠结是常有的事，这没有什么不正常。但是选择恐惧症患者不同，他们会花费大量不必要的时间和心思在选择上面，严重影响了他们正常的生活、交际、工作、学习……就像案例中的麦小辛，为了寻求完美的答案，给自己莫大的压力，甚至在做选择时把自己的手掐出了印子。

麦小辛的故事虽然看起来令人不可思议，但的确就发生在了她的身上。究其原因，可能有以下几方面：一是她过度追求完美，为选择的事物赋予了太多意义，导致她无法做出选择。二是她具有恐惧心理，过去有过类似的重大挫折经历或创伤。三是她害怕承担责任，在成长的过程中受到父母太多的恐吓或负面暗示，导致她独立性差，不自信等。

值得一提的是，“选择恐惧症”本身不是病，像麦小辛这样严重到了一定程度，影响了自己各方面的生活，可能就需要去看心理咨询师了。心理咨询师会从各方面提供专业的引导，比如说服家长多给孩子一些选择权，让他有机会学会为自己的选择做主。而选择恐惧症患者需要知道选择没有对错，所有的选择都是对的。他可以做让自己最舒服的选择，不必非得做最有利的选择。事实上，对选择恐惧症患者来说，与其纠结不定，不如随意做出选择来得更舒服，这时如何做选择其实就已经有答案了。

如果像麦小辛那样，无论做哪个选择都不舒服的话，其实还有一种办法：心理学研究发现，第一感觉的选择往往是最适合的。就像某位来访者在做心理测验时我们强调的那样，根据你的第一感觉来选，不用过多纠结，第一感觉往往是最准确的。因此，举棋不定时，不妨相信自己的直觉。

如果你还是觉得没法做出选择也没有关系，你可以玩个游戏，比如给自己先选择三个答案，如ABC，然后抽签决定最终的选择。即使选错了，也没关系。凡事都有两面性，这就像你要到达某地的路径一样，路不止一条。绕远的路如果不堵车也许会更快到达，但缺点是费油；而更近一些的路也可能因为堵车耗时更长，如果堵车太严重，说不定更费油。怎么选都有利有弊，所以你完全不需要为此纠结。

社交恐惧症者：我不想见你，你也别来见我

【自测】

社交恐惧是很多人都会遇到的问题，但是每个人的社交恐惧程度都有所不同。如实回答下面的问题，根据评分标准计算得分并查看结果，你就大概了解自己的社交恐惧的级别了。

1. 害怕当众发言，即便已经进行了充分的准备，还是会担心出丑。

A. 从不或很少如此　　B. 有时如此

C. 经常如此　　D. 总是如此

2. 不喜欢与陌生人交往，感觉不自在。

A. 从不或很少如此　　B. 有时如此

C. 经常如此　　D. 总是如此

3. 不喜欢与上级交谈，不喜欢在别人的注视下做事。

A. 从不或很少如此　　B. 有时如此

C. 经常如此　　D. 总是如此

4. 性格内向，不喜欢社交活动，只愿意与最亲密的朋友在一起。

A. 从不或很少如此　　B. 有时如此

C. 经常如此　　D. 总是如此

5. 当别人议论自己时会感到很不舒服，即便他们没有说你坏话。

A. 从不或很少如此　　B. 有时如此

C. 经常如此　　D. 总是如此

6. 如果你必须给一个陌生人打电话，你会感到不舒服，不知道如何开口。

A. 从不或很少如此　　B. 有时如此

C. 经常如此　　D. 总是如此

7. 除非需要应酬，否则平时很少参加聚会。

A. 从不或很少如此　　B. 有时如此

C. 经常如此　　D. 总是如此

8. 聚会时不知道该聊什么，总是一个人躲在角落里。

A. 从不或很少如此　　B. 有时如此

C. 经常如此　　D. 总是如此

9. 不善与人交往，经常会发生争执。

A. 从不或很少如此　　B. 有时如此

C. 经常如此　　D. 总是如此

10. 公开场合讲话时，你会尽可能避免成为焦点。

A. 从不或很少如此　　B. 有时如此

C. 经常如此　　D. 总是如此

【评分标准】

选 A 得 1 分，选 B 得 2 分，选 C 得 3 分，选 D 得 4 分。

【测试结果】

如果你的得分在 1~10 分，说明你很正常，没有社交恐惧症。

如果你的得分在 11~24 分，说明你有轻度社交恐惧症，这种现象普遍存在于内向性格的人群中，只要通过自我调节便可解决。

如果你的得分在 25~35 分，说明你有中度社交恐惧症，如有条件，你可以咨询精神科医生。

如果你的得分在 36~40 分，说明你已经是重度社交恐惧症患者，及时就诊可能是最好的方法。

【症状】

· 害怕与人交往。

· 不敢在公共场合说话。

· 人多了就会感觉不自然。

· 不愿与陌生人交谈，但是和熟人交流的时候很健谈。

· 长时间宅在家里，不愿出门。

· 内心世界丰富，具有很强的想象力。

· 内心孤独，虽然有时也会渴望交往，但最终还是会拒绝别人的邀请，因为待在家里最舒服。

【案例】

销售经理小齐在公司里口碑不错，他待人温和，宽容大度，处事公正，有担当。他的团队销售业绩也不错，如果团队有人犯了错误，小齐总是二话不说就承担了责任，就连扣钱也都是他来出。唯一美中不足的是，大家觉得小齐有些清高，平时除了工作，他基本不与其他人进行交流。例如，他从不参加同事们私底下的小聚会，即便是公司活动，他也就是露个面，然后就找个借口溜走了。

其实只有小齐知道，这份工作对他来说到底有多痛苦。他之所以能成为销售经理，并不是他多么擅长管理，而是他的业绩实在太好了。小齐从小就有社交恐惧症，害怕与陌生人接触，他为了锻炼自己才选择了销售员的职业。一个重度社交恐惧症患者从事销售职业，确实很不容易。下属出了差错，小齐二话不说就把责任扛了，其实他也不想这样，毕竟有些错误确实不应该犯，但是他害怕沟通，害怕同事单独找他诉苦。虽然已经朝夕相处一年了，但是他和同事之间似乎一点都不熟悉，和有些人甚至没说过几句话。因此，他宁愿自己扣点钱，也要尽可能避免和同事单独相处。也是歪打正着，正是因为他不和任何下属单独相处，反而落得个公平公正的好评。

再来看他的客户，就这么几个大客户，他还不给人家伺候好了。小齐心里也清楚，所以也会主动沟通，然而客户却反馈沟通不畅，这是因为能用邮件、文字解决的问题，他绝不会打电话；需要应酬或必须出面的情况，他就用微信通知手底下的员工，让他们过去。没想到，董事长因为这点反而很欣赏他，觉得他能把手里重要的资源分配给团队成员。

小齐的单位在32层，上下班的时候，为了能够一个人坐电梯，他是整个公司甚至是整座写字楼来得最早，走得最晚的。因为小齐从来不和同事们沟通，所以大家并不知道他的真实想法，还真以为他是工作狂。

终于熬到下班，小齐可以躲进自己的世界里了。然而，孤独久了，他也想和朋友出去喝一杯。一次，很久不见的大学同学约着聚聚，因为电话来得很突然，小齐又孤独久了，也想出去聊聊，于是就答应了。可是，挂了电话不久他就开始后悔了，一想到大家见面肯定勾肩搭背、回忆过往、喝酒唱歌，小齐就直出虚汗，烦躁失眠。“到时候说什么啊”“见了面怎么打招呼啊”，他越想越觉得这次聚会就像一场灾难。心情百转千回，终于在约定时间的前两个小时，小齐鼓起勇气打了电话，说自己要临时出差，实在去不了，万分抱歉。虽然电话那头一阵暴风雨般的埋怨，但是放下电话的小齐轻松得如同在春天的草地里奔跑的小鹿。

小齐只是不擅长与人面对面交流，但是到了网上，他就像变了一个人，非常活跃。一次，在群里玩真心话大冒险，大致是问每个人最害怕什么，有人说怕死，有人说怕失去孩子，小齐的回答让群里的人乐喷了。他说：“我最怕按到视频聊天键。”于是，他在群里的热度猛增，还有人马上邀请他视频聊天。结果他竟然退群了。

其实，小齐的心里也是非常想交朋友的，但是他又害怕与人交往。在他的团队里有一条不成文的规定，凡是大家私下聚会一定要邀请小齐，然后等着他给出五花八门的拒绝理由。然而，如果有新来的同事不懂事，没有邀请小齐，他就会非常失落，心中还是期待能收到别人的邀请。

【解析】

案例中，小齐的生活是比较戏剧化的，也许他的行为举止在大家眼里并没有什么异常，觉得他可能只是不爱交流。但对于小齐本人来说，他的情绪起伏就像坐过山车一样，遇到所有事情都自己扛，只为了避免社交给他带来的焦虑不安。然而，他这样的应对和处理方法，往往会让别人没有机会和他交流，进一步加剧了困兽般的情绪。

什么是社交恐惧？在心理学上讲，如果一个人对于任何社交或公共场合都感觉非常不自在，甚至感到惶恐万分，并伴有躯体性反应，如发抖、冒汗等，那么这个人很可能有社交恐惧障碍。在案例中，小齐仅仅是因为在脑海中想了一下类似的社交画面，就出现了以上症状，说明他具有特别典型的社交恐惧症状。在心理咨询师看来，一般社交恐惧严重的人往往无法正常工作，因为他们在工作中势必遇到与其他人打交道的情况。但令人不可思议的是，小齐的工作表现很正常，还经常受到老板的表扬。在工作中，他用自己的勤勉弥补了交际能力的不足，而且收效很好。

然而，很多时候小齐的痛苦体验还是非常明显的，尤其是当他遇到工作中需要应酬和交际的场合。其实，所有的问题追溯起来都是有原因的，假设小齐在青少年时期总是受到批评和责难，或者遭受过创伤如校园霸凌等，他可能就会习得一种无助感，并且通过隔离的防御机制来阻断自身与外界的联系。

患社交恐惧障碍的人在生活中还是较为常见的，一般人也可能存在社交困惑。想要克服社交恐惧，最重要的是从想法、行为和情绪三个方面做出改变。在想法上，要不断减少不良暗示和负面关注。心理学上经常讲，关注什么，什么就会持续发生。因此，不要总是被自己的想法牵制，多去关注自己问题以外的生活。在行为上，不要回避那些你应该参与的活动，就算难受也要硬着头皮去参加。允许难受的存在，带着它们生活，只有这样，你的状态才会逐渐好转。在情绪上，要学会和你的不安、焦虑和解，不要害怕，也不要对抗，适当地忽视它们的存在，当这样的情绪状态不能赢得你的任何关照时，它们就会随着时间的推移而逐渐消退。当然，在社交恐惧非常严重的情况下，我们建议患者还是要尽早寻求专业的心理干预。正所谓术业有专攻，心理咨询师会利用他们的专业技能，帮你快速改善和消除社交恐惧症状。

精神分裂症者：你们都是魔鬼

【自测】

精神分裂症是精神类疾病中非常严重的一种。下面这套题，可以帮你了解目前的精神状况，试试看吧。

1. 在做事条理性方面，你更接近：
A. 每晚准备好明天上班或上学要带的物品。
B. 家里的摆设井井有条，物品随手可取。
C. 每天都要花很多时间找东西。
2. 你做事的态度更接近：
A. 凡是能做的事立刻着手，绝不拖拉。
B. 遇到困难的事情时，从不勉强自己。
C. 能拖一天是一天。
3. 当你遇到让你感到失望的事时，你的反应如何？
A. 能控制住自己的感情，冷静思考后再采取行动。
B. 虽然刚开始有些激动，但最终还是能够控制自己的情绪。
C. 有时漠不关心，有时惊恐慌张。
4. 你在与周围人相处时，自我感觉如何？
A. 能和其他人互相尊重，和平相处。
B. 与家人相处还可以，与其他人则无所谓好坏。

C. 不信任任何人。

5. 你如何度过假日或业余时间?

A. 提前做好安排。

B. 根据当时的心情做事。

C. 在家休息，不常出门。

6. 你的睡眠情况如何?

A. 睡眠充裕，起床后精力充沛。

B. 睡得不深，易醒。

C. 很难入睡，且经常做噩梦。

7. 你对自己的工作，有何看法?

A. 觉得自己的工作很有价值，工作时心情愉快。

B. 没什么看法，就是一份工作而已。

C. 把工作看成负担，完全没有兴趣。

8. 当你生病时，你会如何做?

A. 立即就医。

B. 难受到不行才去医院。

C. 自行服药。

9. 你对自己的记忆力，有何评价?

A. 和平时一样。

B. 记不住最近发生的事。

C. 记不住过去发生的事。

【评分标准】

选 A 得 1 分，选 B 得 2 分，选 C 得 3 分。

【测试结果】

如果你的得分在 9~15 分，说明你的精神状况较佳。你的性格坚强，适应力、感情状况都不错。

如果你的得分在 16~22 分，说明你的精神状况一般，你对生活环境的适应力正在减退。如果想让自己的状况得到好转，你需要花费一定的时间和精力。

如果你的得分在 23~27 分，说明你的精神状况欠佳。建议你立即采取措施，必要时可以去看专科医生或心理咨询师。

【症状】

精神分裂症患者常常具有以下症状：

· 感知觉异常。一般情况下患者自述能够听到别人听不到的声音，看到别人看不到的事物。

· 思维怪异。患者觉得其他人能看透自己的想法，毫无根据地坚信有人要害自己，即使是不认识的人也在议论自己。

· 情感不协调。患者对于外界刺激的情感表达与他的内心体验或处境不协调，缺乏应有的情感反应。

· 行为古怪离奇。患者会出现难以解释的行为，对周围的人和事漠不关心。

【案例】

于某 40 多岁，长相周正，在物业公司工作。这天下班后，他和平时一样去幼儿园接女儿和侄儿放学。侄儿是弟弟的孩子，弟弟两口子工作忙，孩子就放在他家，和他一家三口及他的老母亲生活在一起。侄儿和女儿一样大，读幼儿园大班，明年就上小学了。他一手牵一个，在校门口的蛋糕店买了蛋糕，三个人开开心心地回了家。

家里老母亲已经做好了晚饭，老婆却还没回来。他已经习惯了，最近几年老婆总是回来很晚。晚上 10 点，两个孩子洗澡之后准备睡觉，于某坐在沙发上看电视。老婆回来了，换了衣服就去招呼两个孩子睡觉。

女儿出来上卫生间，偷偷看了于某一眼就赶快跑回了卧室，满脸惊恐地扯着奶奶的手。老婆和老母亲马上给孩子穿好衣服，一人抱起一个冲出卧室。他们刚到客厅，就看到于某眼睛通红，拿了把菜刀站在厨房门口，死死地盯着四人，完全没有了白天的模样。

老婆和老母亲一人抱着一个孩子，迅速躲进卫生间，刚把门反锁，就听于某在外面一边砸门，嘴里一边喊着要砍死他们这些魔鬼！两个孩子捂着嘴，浑身发抖，小脸憋得通红，却是一声不吭。老母亲死死抱住两个孩子躲在墙角，老婆赶紧给弟弟打了电话。最终，当弟弟带着警察赶过来时，卫生间的门已经刀痕累累、摇摇欲坠。

昨天的事已经不是第一次发生了，不知从什么时候开始，连孩子都知道，只要于某的眼睛开始发红，他就变成了另一个人。他说一切都变成了魔鬼，他要战斗。老母亲不知道生活怎么变成了这个样子。于某曾经是她最大的骄傲。年轻时的于某长相英俊，性格乐观，还考上了一所好大学。他是什么时候开始变成这样的呢？

时间倒推，问题应该是从于某在上大学被退学回来的时候开始出现的。大三的时候，于某的室友和隔壁宿舍的同学发生了冲突。一天傍晚，于某和室友在外面吃饭，隔壁宿舍的同学叫了很多人冲了过来，要教训他的室友，结果认错了人，把于某打了一顿。最终学校决定，对所有参与打架的同学做出劝退的处分。于某觉得冤枉，却没人听他的解释。

回家后，他虽然愤愤不平，却也没有消沉，通过了自学考试，找到了一份物业的工作，但他很清楚自己的前途就这么毁了。他对待工作还算认真，和同事相处也很好。只是结婚晚了点。

想到于某结婚时的情景，老母亲长叹了一口气。于某结婚的时候，大家欢天喜地，家里给他准备了新房，别人有的他一样不缺，只是在接亲的时候发生了点意外。接亲那天，于某的朋友们都来了，新娘家住在一个老小区的三楼。和大部分老小区一样，楼道里堆满了杂物，一帮年轻人吵吵闹闹地往上走，其中一个人在拐角处不小心碰掉了一个废弃的电饭锅。就在此时，新娘的邻居突然冲了出来，说他们弄坏了自己家的电饭锅，骂骂咧咧个不停。想着是办喜事，大家便纷纷给邻居道歉，并且承诺买个新的赔给他家，但是邻居依然不依不饶，最后大家推推搡搡，差点打起来。于某缩在房间的一个角落，浑身发抖地看着众人，就像不认识大家一样。那一次，于某保持那种惊恐的状态十多天，最后自己走了出来。

后来，渐渐地，于某会时不时地突然盯着家人，眼睛发红，并且打砸家里的东西，嘴里还念念有词。大家很奇怪，于某的脾气怎么变得这么坏？于某的行为越来越古怪。好的时候非常好，孝敬老人，包揽家务，对老婆言听计从，对女儿和侄儿万般宠爱。只是不知道什么时候，他就会突然像变了一个人，暴戾、充满危险性。连孩子们都发现了，只要他呆滞地看着某个地方，眼睛慢慢变红，就会像变身一样，从天使变成魔鬼。没人知道于某怎么了，于某的病情越来越严重了，最终住进了精神病院。

【解析】

于某的病症严格来讲，已经超出了正常心理的范围。什么是正常心理呢？正常的心理是伴随着正常的发展任务而来的，个体要学会面对失败和无助的局面，学会信任他人，学会表达情感，学会最终依靠自己的判断力做出符合社会文化认同的行为选择。

案例中，于某的行为明显是由于大学时的一次乌龙事件，导致学业受挫，带着郁结的情绪愤愤不平地回到家中。从此，他的心理上就蒙上了一层阴影，无论是对亲人，还是对陌生人，都会产生排斥的情绪。他带着这样的问题和状态生活，日常的琐事都会让他的情绪产生剧烈波动，严重影响他的状态。这些情绪不断积累，又找不到合理的发泄出口，于某便产生了一些异常的情绪和行为，比如出现攻击行为。这样怪异的攻击行为在常人眼里是无法理解的，明显超出了人们在当下现实情境应做出的反应和应对。从专业心理咨询师的角度分析，很可能是来访者产生了妄想、幻觉等，才会出现这样的行为和反应。

著名心理学家郭念锋认为，确定一个人心理是正常还是异常的原则包括：其一，主观世界与客观世界的统一性原则；其二，心理活动的内在协调性原则；其三，人格的相对稳定性原则。

对照于某的行为，这三个原则都是否定的，基本可以判断他的行为属于精神病性心理问题。他最后被送到精神病院，也是完全正确的。

通常我们会建议，在发现病情时应早期进行干预，如于某在被学校劝退之后，就应该及时向专业的心理医生寻求帮助，处理好郁结情绪。这样一来，就会在一定程度上减少后来的泛化。在我们看来，精神异常的发生不是偶然的，而是生物遗传、家庭教养、成长经历等多方面的发展受阻带来的。因此，在精神分裂的干预中，预防大于治疗。我们可以通过以下五个方面进行预防。

1. 客观地评价自己，制订合理的计划和人生目标。

2. 树立良好的心态，加强自我心理素质锻炼。

3. 正确对待自己，变消极因素为积极因素。

4. 人生在世，难免有不如意的事，要学会自制和接受；可以逆向思考一下，其实这些事都没什么大不了。

5. 进行良好的家庭干预，如果解决不了，可以求助于专业的心理咨询师。

另外，在精神分裂症的预防期和恢复期都是可以介入心理咨询的。在发病期最好的方式是到精神专科医院接受正规治疗。

088

躁狂症者：我也不想这样，可我忍不住

【自测】

躁狂症是一种比较严重的心理疾病，患者发病的时候无法控制自己的行为，如果你怀疑自己存在这方面的倾向，可以自我检测一下。

1. 过度自信，完全超过正常情况，甚至达到妄想的程度。

2. 心境高涨，精力充沛，每天都表现得很开心，感觉自己以及周围环境都很好。

3. 精神异常兴奋，运动量明显增加。

4. 感觉自己的大脑飞速运转，新奇的创意一个接一个不断涌现。

5. 性欲增长，需求增多。

6. 睡眠时间减少，但是并不感觉疲惫。

7. 思路太快，导致言语跟不上自己的思维，开始胡言乱语。

8. 注意力不集中，很容易跟随思维意境转移。

9. 冒进性行为增多，追求享乐。

10. 与平时相比，明显话多。

11. 思维天马行空，想象力明显比平时增强。

【测试结果】

如果你有 3 项符合，那么就需要警惕躁狂症的发病倾向；如果超过 6 项符合，有可能已经达到比较严重的情况，需要及时咨询心理医生或就医。

【症状】

· 与平时相比，明显话多话密。
· 联想速度加快，思维奔放。
· 注意力不集中，经常走神。
· 自我评价过高，自我感觉良好，自信过头。
· 情绪不稳定，易怒，常因小事暴跳如雷。
· 精神运动性兴奋，兴趣多，爱社交。
· 做事缺乏深思熟虑，容易冲动。
· 睡眠需求减少，食欲、性欲增加。

【案例】

某贸易公司的女老板戴晚在外人眼中是一个非常幸福而且成功的女人，她和丈夫都有各自的事业，丈夫是一家国企的高管，夫妻二人非常恩爱。女儿小茹在重点中学读高二，人长得乖巧可爱。可以说，在外人眼中，戴晚就是一个人生赢家。

但这天，刚送女儿上学回到公司，戴晚早会还没开完就接到了女儿学校的电话。匆匆赶到学校后，事情让她目瞪口呆，她一向乖巧听话的女儿竟然用水杯把一个男同学的头砸破了！事情处理完之后，老师悄悄把戴晚拉到一旁，小声说道："同学们说现场非常激烈，早自习时，不知男同学说了什么，小茹突然站起来高声大骂，言辞激烈，粗话不断，情绪激动。所有同学都愣住了，还没来得及去劝，小茹就突然拿起水杯直接砸在了男同学的头上。”戴晚表示女儿从来没有这样过，肯定是男同学把她激怒了。小茹从小就算再怎么不高兴，最多就是把自己关在房里，连和大人顶嘴的情况都没发生过，突然行为过激肯定有原因。老师也纳闷，男同学不过说了一句：“你这大小姐没专门请个司机？”戴晚不信，这么一句话就让女儿变了一个人？

但是不管怎么样，女儿伤了人，总得弄清楚事情原委。她打电话给老公，两人早早回了家，准备好好问问女儿到底是什么情况。老公听说之后也很震惊。回家之后，女儿的表现更令人吃惊，小茹不仅没有任何悔意，相反，还非常兴奋。她在客厅手舞足蹈，情绪明显比平时高涨很多。小茹一句接一句，滔滔不绝地说着男同学的不对，表示自己是行侠仗义，要保护弱小免受坏人伤害。她越说越兴奋，越说越离谱，就好像自己摇身一变成了超级英雄，而那个男同学则是世界上最大的恶人。然而，戴晚夫妇听了半天，那个男同学似乎并没有太过激的言语和行为。女儿到底是怎么了？

总之，这件事就这样过去了。但是戴晚和丈夫都表示，平时工作忙，以后要多花时间陪陪女儿。从此，两人对女儿的关注多了，结果确实发现了女儿的不同之处。从打架事件之后，小茹开始出现了一些变化，以前总是赖床的女儿现在每天都起得很早，晚上也不困，并且精力充沛，一点都不累。不仅如此，小茹还突然多了很多朋友，每天放学之后都很晚回家，甚至出现了逃学的行为。她的花销也多了起来，由于戴晚是生意人，所以从小就教女儿节俭，但是最近她发现女儿花的钱比自己还多，对于一个学生来说，简直可以用“挥霍”来形容。

实在看不下去了，戴晚想找女儿谈心，却遭到了小茹言辞激烈的抵抗。眼看着女儿的行为愈演愈烈，夫妻俩决定严格控制小茹的零花钱和出门时间，结果差点出了大事。周末到了，夫妻俩推掉了各种应酬，严阵以待。果然，小茹早早起来收拾完就要出门，夫妻俩劝说未果后，戴晚的丈夫第一次摆出了做父亲的威严，强行反锁了门。谁知道，小茹突然把书包一摔，大声和父亲争吵起来，言辞相当激烈，情绪亢奋，估计整栋楼都能听到小茹的哭闹声。在女儿冲进厨房拿出一把水果刀挥舞叫喊时，她紧紧抱住了女儿。这一刻，她发觉女儿是真出了问题。晚上，夫妻俩紧紧拉着手坐在女儿的床边，看着熟睡的女儿是那么熟悉又那么陌生。

老公默默地给当心理医生的朋友打了电话……

【解析】

案例中，戴晚的女儿小茹很可能得了躁狂症。她在和男同学打架后，精神受到了严重刺激，并变得一发不可收拾。这就是躁狂症的发病特征，从一次偶发性的情绪事件开始，在刺激的影响下，出现间断或不间断持续而高涨的心境，主要表现为精力旺盛、活动增多、不合时宜地大吼大笑，严重时还会有一些幻觉、妄想的症状。

躁狂症患者需要到正规的精神专科医院接受治疗，因为患者往往会对他人具有一定的伤害性，就像小茹拿水杯、水果刀当凶器威胁同学或家人。躁狂症患者早期可能表现出过高或夸大的自我评价，总认为自己有非凡的能力和超常的精力，以为自己可以成就一番大事业。因此，在这个阶段，如果我们察觉到孩子异常的言行，还是需要引起足够的重视，提早预防。

对于躁狂症患者来说，精神刺激可能只是诱发因素、导火索，不是主要原因。而真正的原因还是他们在发作前就已具备了充分的易感特质，具体可以追溯到性格、家庭环境、后天创伤性的经历三个方面。

在性格方面，躁狂症患者可能会有偏执、爱发脾气、敏感等特点，凡事一旦不符合他们的预期就有可能会很难接受，比如他们会因为妈妈没买自己喜欢的衣服而耿耿于怀很长时间。

在家庭环境方面，可能由于父母平时疏于照顾，像案例中的小茹，妈妈戴晚是某贸易公司的老板，爸爸又是企业高管，可想而知父母平时对小茹的照顾应该会比较少。在这样的环境下成长，孩子往往会有许多情感上的需求得不到满足。另外，躁狂症的发病也可能与教育方式为简单粗暴的家庭环境有关。

在后天创伤方面，患者可能有失业、失恋、家庭关系紧张等问题的存在。患者早先的问题没有得到处理和解决，在遇到新的刺激时会产生更大的连锁反应，一股脑儿爆发出来。

躁狂症的发作也与患者的青春期没有平稳过渡有关，具有发作性病程。但是他们在缓解期往往和正常人没有区别。

关于躁狂症患者的康复，家长和患者本人都要引起足够重视。从家人角度来说，如果平时孩子就有莫名的情绪高涨、乱发脾气等问题，需要引起重视。尤其当孩子的脾气突然变得异常暴躁、有违常态的语量增多时，他们很有可能被躁狂症侵袭了。对于患者来说，可以学习一些与躁狂症相关的知识，当有情绪方面的波动时，及时发现与治疗。

躁狂症与抑郁症同属于心境障碍。为什么这么讲呢？因为抑郁症患者以持续的情绪低落为主，而躁狂症恰好相反。因此，与抑郁症患者一样，躁狂症患者在发作期也要接受正规的住院治疗。患者在一个无害的环境里进行康复治疗很有必要，等到了平稳期就可以通过心理咨询来改善调整，这样疗效会更好。

第四章 04

当你发现无法解释的反常行为时……

偷窃癖者：不属于我的，才是最好的

小陈和闵月是一对新婚夫妻，两人住在离公司不远的公寓里。最近老公小陈很高兴，说他公司来了一位新上司李总，36岁，海归，不仅学历高，人也是风度翩翩，能力强，对下属也很好，而且在这栋公寓租了房，并和他们成了邻居。

闵月第一次见到李总是在一个周末，小陈和李总一起下班回家，他知道李总是个单身汉就热心地邀请他来家里吃饭，李总也爽快地答应了。闵月做了几个家常菜，三人边吃边聊。这顿饭终于让闵月知道了，一向眼高于顶的老公为什么对这个上司又是服气又是崇拜了。的确如老公所说，李总不仅人长得帅，也极有涵养，说话做事分寸拿捏得极好，相处起来让大家感觉非常轻松舒适。

一来二去，他们成了朋友，小陈经常会邀请李总来家里喝一杯。可是没过多久，细心的闵月就发现了问题，家里总会莫名其妙丢失一些不值钱的小玩意儿。起初他们也没有在意，因为两个人平时也比较粗心，找不到就算了，估计东西丢到哪个犄角旮旯了，说不定哪天自己就“蹦”出来了。

直到有一次，闵月起床梳洗后发现她放在卧室梳妆台上的项链不见了，项链虽不值钱，不过很有纪念意义，还是恋爱时小陈发了一个暑假的传单才攒够钱买的。闵月非常在乎这条项链，平时常常戴着。两人翻箱倒柜、角角落落都找了，最后也没找到。闵月清楚地记得昨天她一回家就摘下来放在梳妆台上了，绝对不会错。闵月想来想去，昨天只有李总来过，于是将自己的怀疑告诉了老公。小陈对闵月的想法嗤之以鼻：“李总年薪加起来上百万，过几天就打算买房了，昨天还参观了咱家的房子，人家怎么会稀罕一条不值钱的项链！”

闵月虽然心里疑惑，也觉得确实不可能，就算白送人家都不会要这种廉价货的。这件事就这样过去了，但是闵月觉得实在可惜。过了一些日子，项链出现在了小陈的公文包里，虽然令小陈和闵月摸不着头脑，但找到了就好。小陈像平时一样根本不在意这件事，但是闵月在心里记了下来。

有一次，闵月去超市买菜，结账的时候看到旁边围了一群人叽叽喳喳地议论，好像是有人偷东西。她走过去一看，这个人居然是李总，而他没结账的商品居然是一棵大白菜！那天李总的购物车里面装了很多值钱的商品，唯独大白菜最便宜。事情很快就解决了，李总说自己忘了，保安看着西服革履、文质彬彬的李总，也就没再追究。然而，闵月却留了心。

小陈最近也说过公司同事丢东西的事，丢的都是一些无足轻重的小玩意儿，如水杯、小玩偶等。有的东西过了几天又找到了，大家开玩笑说公司是不是闹鬼了。闵月是个有心的人，老公闲聊的话被她记在了心上。慢慢地，闵月发现了一个规律，就是每当老公公司有新项目，尤其是比较重要的项目，公司上下压力都很大的时候，就会发生小偷小摸的事情。而且由于大家比较忙，很少有人在意，都是吃饭的时候闲聊几句就算了。

闵月发现，这些事在李总来之前从未发生过。这么一说，小陈倒是觉得有点道理，难道真是李总干的？两人想不出任何理由，小陈还是不信，认为这都是闵月瞎猜的。就这样过了一年，有一天小陈垂头丧气地回家告诉闵月，李总辞职了。原因居然是他在一家便利店偷了几包薯片，便利店老板不依不饶，非要报警，警察来了批评了他几句，加倍赔偿也就算了。然而，这一幕刚好被同事看见了，并且很快传到了老板的耳朵里，老板考虑到公司形象，只好辞掉他。

再后来，事情在公司传得沸沸扬扬，说李总已经不是第一次小偷小摸了，他在以前的公司也有偷窃的行为。小陈为这事郁闷了很久，他始终不明白，一个如此优秀的人怎么会去偷大白菜、薯片、水杯这些廉价的东西呢？简直得不偿失啊！

李总的行为的确令人匪夷所思，因为他偷的东西都不值什么钱。好像他也不是为了不劳而获，而更像是满足自己的嗜好。其实，李总的行为已经构成了偷窃违法行为，只是金额很小，不足以量刑。但是他恶劣的行为让他在同事面前名誉尽丧，还丢掉了自己的工作。

在心理学上，我们将李总这样的行为叫作偷窃癖，它是一种由于心理成瘾机制而产生的条件反射症状。其特点是患者无法控制自己的偷窃行为，但所偷东西往往既不名贵也不是自己需要的，只是为了满足自己的心瘾。

偷窃癖在心理学上属于“习惯与冲动控制障碍”。至于发病原因，目前尚不明确，但通常心理学专家认为，偷窃癖患者在成长过程中有过对别人的东西垂涎三尺的经历，但由于年幼，在没有办法说服家长获取时就会心生歹念。其实，在每个人的成长过程中难免都会有这样的经历和体验，比如对某个小朋友的玩具特别喜欢，想要一个一模一样的，但家长不给买，而偷拿别人的东西又会让他产生巨大的羞耻感。在这样的体验下，他不会轻易做出违背父母意志的事来。但有些小朋友由于对玩具的渴望过于强烈，他们就会选择冲破道德的约束，而这样的行为恰巧没有被家长及时发现，或者被家长发现后没有得到正确的引导。

有些发现问题的家长不懂正确的教育方式，会给孩子很大的压力，甚至是伤害，让孩子误以为父母会因为这件事而不再爱自己了，父母爱的只是自己的面子，没有人可以保护自己。于是他们长大成人后便有了这种癖好，那就是想要借自己犯的一点小错来赢得别人的原谅和理解。这样一来，他们就将孩童时期的偷窃癖保留了下来。

在治疗方面，我们往往会采取认知领悟疗法，帮助患者看到自己行为背后的幼稚和不合时宜。这就像我们可以理解婴儿咬奶嘴，但是无法赞同成年人当众咬奶嘴的行为。另外，在心理治疗上也可以运用厌恶疗法，在患者出现偷窃欲念时施加一些负性的刺激，让他感觉到痛苦或难受，利用人类趋利避害的特性减少偷窃行为的发生。不过，想要真正改善患者的行为，一定要取得他们的配合，调动他们的主观能动性。

最后，我们希望家长能够在孩子的成长过程中积极预防，减少过度干预，如果自己引导不好，可以积极地寻求专业人士的帮助。

异食癖者：虽然不好吃，可我忍不住

杨小咩今天一上班就心不在焉，同事还以为她是不是出了什么事，关心地问了几句。杨小咩连连否认，她心里明白自己这是怎么了，但她永远不可能告诉别人这个秘密！她无法想象，如果周围人知道了她的秘密，会惊讶成什么样，或许会把她当怪物吧。她也知道自己的做法不对，但是她控制不了自己啊，这种隐秘的欢喜是其他任何事都无法相比的。今天她如此坐立不安，竟然是因为她在上班路过公司旁的工地时，发现工地里拉来了一堆新鲜的沙子！

这堆工地用沙可能除了工人，普通人都不会多看一眼，甚至会绕道而走，担心扬沙迷了眼睛。但是这堆沙对杨小咩来说无异于珍馐美味，仿佛从沙里伸出了无数只小手在召唤她，让她心痒难耐。她一眼就判断出这是一种粗沙，从颜色来看应该是刚从沙场运来的，没有多少杂质，没被污染过。这种粗沙里有些如蚕豆般大的颗粒，成形但是酥软，可以成颗粒存放，放到嘴里轻轻一嚼便松散开来，满嘴都是沙的“清香”。这种沙平时很难遇到，这也是杨小咩今天心情雀跃的原因。看到这里大家应该明白了，杨小咩坐立不安是因为她看到了平时难得一见的“美食”！

终于熬到午饭时间了，杨小咩拿着她早就准备好的玻璃瓶以百米冲刺的速度跑向了工地，蹲在沙堆面前仔细挑拣起来。

确实如她的判断，真是难得的粗沙啊，实在忍不住，先拣了一块放进嘴里，果然是一嚼就碎，咀嚼的沙沙声让杨小咩无比满足。

路过的工人刚好看到了这一幕，一个女人蹲在沙堆旁挑挑拣拣，不由得问她："姑娘，你拿沙干吗？"

"师傅，不好意思，我拿点回去给我家猫当猫砂用，可以吗？"杨小咩沉着而熟练地回答道。进出工地寻找粗沙对她来说是常事，基本每次都会遇到工人的询问，她已经驾轻就熟了。

"你这要拣到什么时候，你那小瓶也装不了啥，我给你找个袋子，多装点。"工人热心地说。

杨小咩心满意足地提着这袋沙子往回走，只是回去还得重新挑一遍，不过这也不费劲。这一天，杨小咩的心情非常好。晚上回去，处理完了这袋沙，足足装了五个玻璃瓶。她洗完澡坐在沙发上，看着今天的战利品，却轻轻地抽泣起来。

她基本上每次都是如此。在兴奋地处理完她的"食物"后，她都会陷入自责、害怕的情绪中。她知道这是不对的，人怎么能吃沙子呢？但是她真的控制不住啊！只要一段时间不吃，她便会觉得焦虑不安，烦躁不已，就像生活中少了支撑一样。

她清晰地记得第一次"吃沙"是在高考前，当时她的压力非常大，繁重学业和对未来的恐惧让她的精神极度紧张，失眠、厌食、情绪不稳定等状况都出现了。有一天，她在校园里散步时，看到操场的角落里有堆沙子，她鬼使神差地拿了一块放进嘴里，那种咀嚼的感觉，满嘴陌生的味道一下子让她平静了下来，从此一发不可收拾。寻找、储存、不定期进食沙砾慢慢成了她生活的一部分。

一直以来，这个秘密都在折磨着她，她知道这是不对的，但是就像无形之中有只手拉着她不得不去这么做。上大学后，她也曾下决心改掉这个习惯，甚至去医院检查了身体，但是医生说她并无大碍。查资料后，她知道自己的行为叫“异食癖”，也知道世界各地都有和她一样的人，只是人们选择的“食物”不同，有的人吃木炭，有的人吃毛发，还有的人吃其他匪夷所思的东西。她也清醒地知道自己不能再这样下去了，她恨自己控制不了自己的行为，这种情绪折磨着她，她不知道自己要如何才能抵制住“吃沙”的诱惑。

杨小咩的症状让笔者看到了一个以食沙为乐的怪癖症状，心理学上将此称为异食癖。异食癖是一种代谢机能紊乱，其中包括味觉异常、饮食管理不当等多种症状，患者可能会吃一些非营养的物质，如泥土、纸片等。更有人会食用一些危险的金属制品，新闻报道过一位30多岁的印度男子因腹部疼痛难忍，随母亲去医院检查，医生惊恐地发现他肚子里面竟然有一些金属制品。

至于发病原因，在很长一段时间里人们认为异食癖可能和人体缺乏锌、铁等微量元素有关。但随着科学的发展，越来越多的研究证实，异食癖发病的主要原因是心理因素。有相关心理学研究认为，异食癖往往发病于儿童早期，因家人疏于照顾，擅自吞食异物，以致形成了恒定的条件反射，最后无法戒除。患者往往也会在吃完这些异物后，产生自责、内疚、痛苦的感受，但下次还是控制不住想吃，如案例中的杨小咩就是这样。

异食癖的发病以儿童为主，在这些异食癖患儿中受到家庭破裂、父母分离、缺少情感关怀等影响的居多。所以异食癖很可能与父母不和、教养不够、母婴分离焦虑有关，也可能因为精神刺激或压力过大导致发作。所以在家长发现孩子有异常表现时，早发现，早诊治，最好能够在进行药物治疗的同时，辅以心理咨询，尽快帮助患儿恢复正常的饮食习惯。

对异食癖来说，一般是预防大于治疗，因为笔者发现异食癖患者大多与童年时的教养环境、父母的教养方式有很大关联。对于家长来说，有以下几个方面需要注意：家长应该尽可能给孩子多一些有质量的陪伴和关心，比如在家一定要和孩子有一些共同度过的美妙时光；平时注意家庭氛围，不要责罚孩子，要正确引导孩子的行为；饮食方面要注意营养均衡，合理调整孩子的饮食结构；此外，还要注意孩子的日常表现和情绪，遇到异常情况要尽可能帮助孩子寻求专业的帮助。

在异食癖的治疗方面，可以通过一些专业的疗程，如想象替代治疗的方式来进行改善。如想象自己吃“美味可口的异物”，学会只让它在想象中完成，但现实中不再去吃异物，从而减少对躯体和心理的压力，在这样的情况下再慢慢追根溯源找到问题产生的真正原因。

整容癖者：我还想更美一些

在一个狭窄的出租屋里，下午的阳光透过窗户照在了窗边的桌上，桌子上有一面和整个出租屋格格不入的大镜子，镜子旁的相框里，一个10多岁的少女在春天的花丛里笑得阳光灿烂。少女五官清秀，单眼皮，小嘴，圆圆的脸，虽然算不上是美女，但是非常可爱。按照老人的说法，这闺女长得喜庆，一看她的笑容就让人忍不住心情好了起来。

女人坐在桌旁，映照在镜中的却是一张面目全非的脸：尖下巴，颧骨有些塌陷，双眼皮，眼角却不自然地下垂，鼻骨向左歪斜，鼻翼内缩成奇怪的形状，连太阳穴、额头都能看出有些凹凸不平……就算一头长发也遮盖不了这奇怪的样貌。

女人对着镜子仔细看着，面部的僵硬已经看不出表情，只是从还算鲜活的眼睛里透出一些焦躁的情绪。接着她又拿出小本子、计算器、存折、银行卡，仔细计算着剩下的钱除了房租还够不够她下一次整容的费用，这次她准备再把鼻子修一修。计算的结果让她很失望，她的存款不够了。但她现在的模样根本无法找到工作，上次去应聘，她清楚地看到面试官抬头看到她时那种惊恐的表情。甚至当她走在路上，都会看到别人异样的目光。

看着相框里那个甜甜的少女，想起曾经的自己也有这么美丽的笑容，但现在一切都回不去了。整容上瘾让她一贫如洗，没了工作，卖了房子，男朋友也离她而去，父母的家也不敢回。即使如此，她依然计划着下一次整容，整哪里，钱从哪儿来。

记得第一次动整容的念头是在上大学的时候，她一直觉得自己的单眼皮怎么看怎么不顺眼，所以省吃俭用，总算存够了钱，和小姐妹一起去割了双眼皮。她对效果很满意，觉得自己漂亮了很多。谁知道放假回家的时候，她被爸妈狠骂了一顿。之后，她虽然蠢蠢欲动又想整一下鼻子，但也没这个胆子了，只是在心里不断回味这次割双眼皮带来的自信和心理上的自我满足感。

毕业后，她在这座城市找到了不错的工作，有了男朋友，爸妈全款给她买了一套小公寓，一切都顺利安稳，对她的管束也松了很多。这时，当初被压抑的整容欲望又开始抬头了。此时，她再看当初做的双眼皮总觉得不够完美。终于，女人再次踏进了整容的征途，只不过这一次变得一发不可收拾。

开眼角、垫鼻子、削骨、隆胸、自体脂肪移植……每一次她都要承受着巨大的疼痛，甚至影响了她的工作和生活，长期请假和越发怪异的面容让公司不得不对她做出了辞退的决定。在这个过程中，男朋友也苦口婆心地劝解过，只是她一意孤行，男朋友终于失望而去。

除了肉体上的疼痛，整容还需要大量的金钱支撑，她毅然决然地卖了房子。在她不停地折腾下，整容的副作用也随之而来：她的一些骨头已经被各种注射药水蚕食，睡觉时眼睛闭不紧，吃饭时下颌骨会响，脸部肌肉僵硬等。越出现问题她越停不下来，为了漂亮，她必须进行修补。

让她生气的是，整容医生认为她不适合再接受整容手术，甚至拒绝给她做手术，要不是她要死要活在医院里闹了半天，上次的手术就做不成了。面对那些别样的眼光时，女人想："你们是不会懂我的，那些躺在手术台上的期待，那种看到自己变漂亮的愉悦心情，那种全世界都在我脚下的自信，只有整容才能带给我。"

戴上眼镜，把长发往下梳一点遮住脸颊，在目前还算完美的唇上擦上口红，换上衣服，拿上简历，女人去赶赴下一场面试。不管结果如何，她必须筹集到下一次整容的费用，否则人生对她而言完全没有意义，她的生活里只剩下了一次又一次的整容轮回。

随着社会压力的加剧，人们对美的需求日益增长，有些人为了美愿意付出昂贵的代价。尤其是对很多女性来说，只要能让自己变得更美，花费多少金钱她们都在所不惜。在有些人的观念中，美意味着能找到更好的工作，找到更好的姻缘。但为了得到好工作、好姻缘，就将自己全身上下整个遍，显然得不偿失。案例中的女人就是这样一位强迫性整容患者，她对美的追求没有止境。为了美，花光了自己所有的积蓄，甚至把整容和自己的人生意义画上等号。

据有关资料，很多有整容诉求的女性几乎都存在或多或少的美丽强迫症。美丽强迫症，指的是那些对自己外在形象特别在意，不惜花巨资去频繁整容的人。在心理咨询师看来，只有出现了频繁整容这样极端的心理强迫症的人，如案例中的女人才称得上达到了病态的程度。

北京大学心理学教授沈政曾在某次访谈中表示，频繁整容可能是一种成瘾行为，尤其是那些本来没有缺陷却不断整容想要更完美的人，整容成瘾与药物成瘾、上网成瘾、购物成瘾等症状具有相似的神经生物学基础。所以，病态的整容成瘾者的内心有一种追求完美的心态，总想做到最好，而心理咨询正是要打破他们的这一幻想，让他们知道“没有最好，只有更好”，及时停止自己的强迫性整容行为。

尤其值得注意的是，整容是有一定风险的。我们经常听闻社会上一些整容失败的新闻，一旦整容失败或效果不佳，会给当事人的身心带来不可磨灭的伤害。其实，对整容成瘾者而言，他们最应该选择的不是整容医生，而是心理咨询师。在心理咨询师看来，整容成瘾者应该积极寻求心理上的成长与改变，凡事有所为，有所不为，改变可以改变的，接纳不可以改变的。整容成瘾者要学会把握好一个度，遇到不能改变的事情要学会接纳。

俗话不是说“相由心生”吗？因此，将自然的容貌当作自己的特点而不是缺点，当自己的内心祥和、平静、满足时，外表自然而然看起来很美。所以真正的美应该根植于一个人的内心，由内而外散发出来。

爱美的人，首先是健康的，没有健康，美将不复存在。整容成瘾者往往非常痛苦，因为他们对美的追求是病态的，越追求越痛苦。所以，我们要知道，爱美首先应该以健康为美，以快乐为美。

咬人癖者：求求你，让我咬一口吧

周日下午，正在读大二的女孩阿婷匆匆回到寝室，室友们还没回来。阿婷松了口气，爬上床，放下床帘，又从床垫下拿出一大一小两面镜子，大的放在床头书架上，她脱下上衣，背对着大镜子，用小镜子观察自己的后背。没人知道这个年轻女孩的后背上遍布着深深浅浅的牙印，有陈旧的伤痕，有青紫的痕迹，而渗着血迹的那几个显然是新鲜的。阿婷试图给自己涂点药，却徒劳无功。

阿婷忍不住低声抽泣了起来，她不敢让任何人看见自己背后的伤痕，因为她不知道如何回答别人的问题。上次她小腿上的咬痕被闺密看到，逼问了她很久是不是谈恋爱了，是不是遭受暴力或虐待了，她只有极力否认，谎称是和弟弟打架留下的。她自己都无法定义这到底属于什么行为，因为给她留下这些咬痕的是她的妈妈。没错，就是她的亲生母亲。

阿婷的母亲并不是没文化、没教养的无知妇女，也不是不爱自己孩子的人，阿婷的家更不是有着悲惨故事的特殊家庭。恰恰相反，阿婷的父母都有着体面的工作，弟弟上重点高中，她上了本市的大学。虽然父母的感情谈不上如胶似漆，至少也是不吵不闹、相敬如宾。和大多数家庭一样，父母对他们姐弟虽然严格要求但也疼爱有加，怎么看都是一个幸福的家庭。

母亲咬她这件事发生得很突然。那段时间母亲的单位在评职称，父亲因为新项目非常忙，弟弟准备参加中考，她又处在高三备考的阶段。母亲压力很大，但还是把一家人的生活打理得井井有条。那天是个周末，阿婷在厨房帮着母亲切菜，突然背后感到一阵剧痛，阿婷大叫一声，回过头来，看到母亲笑嘻嘻地站在身后，一边抚着她的背，一边开玩笑地说："看你这么可爱，忍不住想咬你一口。"哪知道从此以后，母亲时不时就会咬她一口，而且越咬越重，还越来越频繁。有几次，阿婷真的急了，她让母亲停止这种行为，母亲却满不在乎。

渐渐地，阿婷发现，每次母亲咬了她之后心情都会非常好，那种满足、放松的神情很少在母亲的脸上看到。而且母亲咬她的轻重程度总和母亲遇到的压力有关。比如，单位里有什么头疼的事了，或者对父亲有些不满时，甚至是弟弟考试成绩不理想时，母亲下嘴就会重一些。咬了之后，母亲就像患了失忆症一样，绝口不提此事，也不关心阿婷被咬伤了没有。

阿婷上了大学，按家里的规矩，只要学校没事，周末都要回家。而每次回家，阿婷都会被母亲咬，轻重不一而已。阿婷非常苦恼，因为除此之外，无论在哪些方面，母亲对她的照顾都是无微不至的。她试着和爸爸说，爸爸却笑着说："妈妈和你开玩笑呢，你小时候，胖乎乎的，我都想咬。"

阿婷不敢和任何人说这件事，她不想别人对她母亲有什么误解，但她也非常不理解母亲的行为。时间长了，这件事成了她心里的一块大石头，常压得她喘不过气来。她开始思考，难道咬人真的能解压？为什么知性优雅的母亲会有如此令人不堪的爱好？

于是，有一次，极度压抑的阿婷看到刚打完篮球的弟弟，忍不住狠狠地咬了他胳膊一口。虽然为此和弟弟大吵一架，但是阿婷发现，在她的牙齿接触到弟弟肌肉的那一瞬间，她所有的压力似乎都被释放了。现在的阿婷非常害怕，因为她在不开心的时候，总忍不住想咬人。她极力控制着自己，因为她害怕自己会像母亲一样，甚至发展到无法控制的那一天。

亲生母亲经常把阿婷咬得伤痕累累，这事怎么听都感觉有些蹊跷。但事情的的确确就这样发生了，还给她带来了很大的压力和自卑感，她害怕自己也成长为和母亲一样的人。阿婷的母亲得了一种叫咬人癖的病，这种癖好是通过咬人或被咬而得到快感，所以一般咬得越大力，快感越强烈，往往给被咬者带来巨大的身体伤害和精神创伤。

对于咬人癖的发病原因，我们通常认为，根据弗洛伊德性心理发展五阶段理论，咬人癖患者的发展应该是滞留在了口欲期。这样的人往往过了咬东西的年纪还在做着与年龄不相符的事，如咬指甲的行为就是一种口欲期滞留的轻度病症，如果发展到了咬人的程度就变成了咬人癖。

另外一种可能的原因，是像案例中的阿婷一样，她的母亲是一个咬人癖患者，经常对阿婷施暴，这导致她有着非常痛苦的压力和体验。像这样在儿时受到了创伤，父母过多的约束或惩罚导致孩子的感受得不到照顾，愿望得不到满足，经常情绪紧张或焦虑，进而转变为以咬人来宣泄自己的情绪。

咬人癖患者的问题往往没有特殊的干预方法，需要进行深入治疗，了解他们的发病过程和成长经历，通过认知领悟和修通来达到最终的改善。当然，这个过程通常比较漫长和痛苦，需要找到一位负责任的心理咨询师或治疗师。另外，需要咬人癖患者有耐心和主观能动性才可以有所好转。

112

恐丑症者：为什么全世界我最丑？

民警小孔辖区里有一个女孩跳楼了。她在下落的时候被树丛挡了一下，捡了条命，正在医院抢救。随着女孩从楼上落下的还有一大堆相片，飘飘扬扬地落在女孩周围。各种传言四起，有人说也许女孩被人威胁了，也有人说也许女孩失恋了。小孔却很疑惑，那些相片他看了，都是女孩的自拍照，哪有人们说的那么离谱。

不管怎么样，小孔去了女孩的家了解情况。女孩的父母沧桑而疲惫，他们没多说话，只是说让小孔自己看，然后打开了女孩房间的门。站在门口，小孔愣住了，女孩的房间里有大大小小很多镜子，墙上、天花板上、地上贴满了女孩的照片。这些照片有全身的、半身的，五官放大的，各种表情、各种姿势的。小孔疑惑地看向女孩的父母，女孩的母亲苦笑了一下，问小孔：“你觉得我女儿丑吗？”

丑？小孔不知道为什么女孩的母亲这么问，这女孩的长相根本和丑不沾边啊，甚至可以说是很漂亮的，不管是五官还是身材都很出众。怎么会丑呢？

“她一直觉得自己非常丑，丑到无法出门见人。”女孩的母亲哽咽着说。

在女孩父母心疼的叙述中，小孔知道了事情的来龙去脉。女孩叫盼盼，从小就乖巧、可爱，长得漂亮，很讨人喜欢。从小，她就是在“漂亮女孩”的标签下长大的。直到后来，发生了几件事，彻底改变了女孩的命运。

第一件事发生在初中，当时女孩和同班的一个男孩有了矛盾，两人吵了起来。男孩不懂事，自己又理亏，便口不择言地说：“你以为自己漂亮啊？你丑死了，死鱼眼、朝天鼻、大龅牙、身材像秤砣……”

盼盼哭着回了家，家里人劝了很久，老师也批评了男孩，这事就算过去了。但是父母发现，从那时起盼盼开始爱照镜子，随时随地照，情绪也不太稳定，喜怒无常，一会儿觉得自己漂亮，一会儿觉得自己很丑。父母都觉得青春期的女孩这样挺常见的，所以也没太在意。

上了高中以后，盼盼越发漂亮了，身材高挑，五官精致，就算穿了宽大的校服也掩盖不住她的美丽。或许漂亮的女孩容易让人嫉妒吧，有几个高年级的女孩怎么看她都不顺眼，常常对她冷嘲热讽，内容大都是：你以为自己漂亮吗？你丑死了，这么丑还好意思出来见人。这些话一下把盼盼曾经历的初中的往事勾了起来，渐渐地，她的情绪越发不稳定，每天总是在照镜子，不停地自拍，觉得自己奇丑无比。后期发展到闭门不出，父母只好给她办了休学。

这之后，盼盼便把自己关在房间里拒绝出门，每天除了照镜子就是自拍，还把照片打印出来，研究每一个细节，甚至提出要去整容。父母当然拒绝了她，只是想尽办法劝说或者转移她的注意力。谁能想到她最后会做出这么极端的行为呢？

小孔到医院去看盼盼的时候，盼盼正熟睡着，好在只是骨折，并没有致命的伤。病床上的盼盼除了苍白依然美丽，精致的五官、长长的睫毛、黑色的长发。小孔无法把这个睡得像个小孩子一样的女孩和那个关在满是镜子的房间疯狂自拍的女孩联系在一起。离开的时候，小孔听到了医生对盼盼的父母说，出院后一定要找心理医生给盼盼进行心理干预，以免这样的事再发生。如果盼盼能好好配合心理医生的治疗，一切都会好起来的。小孔默默在心里祝福这个女孩，希望她能早点走出房门，自信、漂亮地走向她的人生！

盼盼的经历不但在一般人看来可能会觉得很费解，而且民警小孔在调查她的资料时也没有发现任何异常。可就是这样一位普通的女孩却选择了跳楼自杀，这一切都来源于她内心患上了一种恐丑症的病。恐丑症，准确地说，是对自己长相丑的恐惧。但这种情况往往与实际不符，它是患者敏感、自卑等心理在作祟，这种痛苦往往是由一种对自己外表过度在意的强迫想法带来的。

恐丑症患者往往有些偏执，他们认为自己一切问题的根源就在于外表，因此想去做美容和整形手术。但与整容成瘾者一样，他们很少对结果感到满意，而且有的患者可能会出现极端行为，如故意自毁容颜、自杀等。

恐丑症往往发病于青春期，女性居多。其实，在青春期这个多事之秋，许多人都曾为自己的长相发愁。究其原因，可能是青春期的孩子内心比较敏感、心理压力大以及外界刺激的同时存在。对于绝大多数人而言，这种烦恼会随着时间而慢慢消退。

但也有极少数人会像盼盼一样，将这种对自己外表的极其不自信保留下来，因此患上恐丑症。另外，恐丑症也可能与原生家庭的教养环境有关，如父母关系不和带来的安全感缺乏，青春期与家长关系紧张等原因，都可能成为恐丑症的发病基础。

其实，从积极心理学视角来看，人们关注哪个方面，哪个方面就会被保留和放大。所以，盼盼的问题与对自己的相貌过度关注有关，长期在完美主义的影响下，她以扭曲的心态看待自己的相貌。说白了，患者恐丑不是因为他们真的丑，而是由于他们觉得自己丑。所以，恐丑症患者的问题绝不是手术刀能解决的，他们需要的是心理咨询师。

心理咨询师建议恐丑症患者要学会一般化自己的问题，把它当成自己阶段性的问题，明白它是任何人在这个年龄段都可能产生的烦恼。希望他们能积极倾诉自己的困扰，寻求同伴和家人的支持和理解。恐丑症患者不妨尝试以下几个方法：一是心理暗示美容法，找一个安静的地方，比如你可以平躺在沙发上，想象自己正在给自己整容，多一些积极的暗示，当心情变化了，症状就会减退或消失；二是转移注意力法，你可以全身心地投入一项热爱的事情中，慢慢减少对自己相貌的关注，症状就会自行减退；三是运动减压法，你要想办法让自己运动起来，从而拥有强健的体魄和身形，通过身体的放松实现灵魂的自由，减少对形体美的错误理解。

05 第五章

常见的人格障碍有哪些？

强迫型人格障碍者：重复，就是我的全部人生

【自测】

陀思妥耶夫斯基在《冬天记的夏天印象》里写道："试着给自己定这样的任务：不要去想一头北极熊，然后你就会发现，接下来的每分每秒，你的脑海中都会浮现出那头北极熊。"

心理学教授丹尼尔·韦格纳也做过一个很简单的心理学实验，他告诉被试不要去想白熊。然而，即便是通过转移注意力等方法，也无法阻止被试去想白熊。被试越是不让自己想白熊，白熊的影子就越频繁地出现在他的脑海里。这就是白熊实验，也被称为"反弹效应"，即越是努力想摆脱某种想法，到头来这种想法越根深蒂固地存在于大脑中。现在，你能理解强迫症患者的痛苦了吗？来做这个测试，看看你有没有可能患上强迫型人格障碍。

1. 你总是反复洗手，无论时间还是频率，远超正常人的水平。

A. 是　　　B. 不是

2. 人们每天都会收到很多微信消息，有些消息是不用回复或无意义的，但是你必须点一下，因为你不想微信里有小红点或未读信息的数字。

A. 是　　　B. 不是

3. 你总会毫无缘由地重复同样的内容，如某个数字、某句

话，如果不重复就会很难受。

A. 是　　B. 不是

4. 上学或上班途中，你必须走同样的路线，即便有近路也不走。

A. 是　　B. 不是

5. 戴耳机听音乐的时候，如果耳机线缠在了一起，你必须把它捋顺了，否则心里会很难受。

A. 是　　B. 不是

6. 你出门之前会反复检查门窗、电器是否关好，有时候锁好车门之后还要回去再检查一遍。

A. 是　　B. 不是

7. 你对于自己处理的事情不自信，经常怀疑自己。

A. 是　　B. 不是

8. 你总是因为反复做某些事情而导致迟到。

A. 是　　B. 不是

9. 你出门之前总是反复检查自己的服装仪表，担心仪态不端正。

A. 是　　B. 不是

10. 你经常出现无法集中注意力的情况。

A. 是　　B. 不是

【测试结果】

以上 10 道题中，如果你有 5 道或 5 道以上题目选 A，那么就说明你存在强迫症的倾向。选 A 的情况越多，说明你的强迫症倾向越严重。如果强迫症影响了你正常的工作与生活，请及时向专业人士进行咨询。

【症状】

· 追求完美与细节。

· 对自己过于严苛，无论做什么事都不允许有差池。

· 做事必须按部就班，并且按照固定的顺序。

· 不喜欢变化，难以适应新环境。

· 非常注意卫生，有洁癖倾向。

· 过分投入工作，缺乏业余爱好，不善与人交往。

· 常常感到不安，如出门之前总是反复检查。

· 性格固执，如果别人不按照自己的要求做就会不舒服。

· 控制欲强烈，对他人苛求，同时不善表达情感，因此人际关系较差。

· 即使赚的钱不少，也非常吝啬。

【案例】

麦东刚和他的发小吵了一架，严格来说并不算“吵架”，而是麦东被发小吼了一顿。他的发小现在也是他的老板，从初中起，发小就是他唯一的朋友，唯一能忍受他“怪癖”的朋友。麦东的“怪癖”让他在找工作中频频碰壁，发小实在不忍心，干脆让他来到自己的公司做财务工作。

这次吵架让麦东心情很糟，他的脑子里一直有两个想法在打架。“这不关我的事”与“这明明与我有关”两个念头在脑海里反复出现，以至于他整个下午都没干一件事，直到下班走出写字楼大门，才总算被另外的念头“解救了”——我的电脑到底关没关？抽屉锁了没有？桌子上收拾干净了没有？这几乎是麦东每天下班的常态，他总是需要反复折腾三四次才能回家，同事们早就见怪不怪了。

这天，在他从办公楼外走到电梯旁准备返回公司确认时，刚好碰到从电梯里出来的发小。发小看他那样就知道他的强迫症又发作了，于是大吼一声："电脑关了！抽屉锁了！桌上收拾干净了！"麦东讪笑着没说话，依然侧着身磨磨蹭蹭地往电梯里走。发小非常生气，一把揪住麦东的衣领拉着他往大门走，并且严厉地低声说："你给我去找心理医生看病！难道你要这样过一辈子？"

发小走后，麦东往地铁站走去，他的脑海里又开始重复发小说的话。他走到自动售票机前，开始反复确认地点，虽然他每天都按固定的路线回家，但他依然不停地确认。直到后面排队的人不耐烦地催促，他才匆匆买下车票。上了车，麦东开始不停地抬头看站点，生怕坐过站。

回到家，开门进屋后，麦东又反复检查门是否关好，怕家里进了贼。之后开始一套颇具仪式感的流程：拿出公文包放在鞋柜上，一件一件检查包里的东西，检查完毕放好公文包。转一圈或琢磨一会儿，再来第二遍。如果他发现哪件东西忘记拿回来了，或者是他以为自己忘记拿回来了，坏了，他必须马上打车赶回公司，按照刚才的流程再走一遍。这一年，麦东花在打车上的钱已经够他一个月工资了，而只有一次是他真的忘了拿了，好像还是一个当晚根本用不到的记事本。

谢天谢地，麦东终于检查完公文包，开始脱外衣了。他把外衣整理得一丝褶皱都没有，然后挂在衣架上，拿出塑料袋把脱下的鞋子仔细包好放在鞋柜里，然后花了很长的时间洗澡，洗完后将浴室里擦得一滴水都没有，再把浴室里的东西按颜色、高矮、标签朝向一一摆好。

这时已经快到晚上8点了，麦东准备到厨房做饭。他总是煮挂面吃，把锅放到灶台上后，他按照刻度倒入了水，然后拿起挂面一根一根地数，必须150根才可以下锅。没错，到这里你可能意识到麦东为什么经常吃挂面了吧，因为其他食物不方便数数，方便面没法数，米饭数起来有点费劲，不是他没数过，只是每次还没数完他就饿得受不了了。

终于吃完饭了，这一顿饭的耗时甚至超过了他和女友的烛光晚餐。麦东是谈过女朋友的，女友坚持要和他吃一顿烛光晚餐，结局大家都能猜到，就吃了一口前菜的女朋友实在受不了麦东的仪式化行为，自己出去吃麦当劳了。据说，最后麦东自己也没吃什么，餐厅都打烊了，他还没走完自己的仪式，只能打包回家了。餐厅的领班都快疯了，只能给他打了折，希望他能早点回家。

吃完饭，麦东坐在沙发上，脑子里开始回想他和发小吵架的事，同时每隔几分钟就站起来整理一下沙发。原来发小谈了一个女朋友，麦东不知道为什么，就是觉得这个女的要骗发小的钱，这个念头一直在纠缠着他，所以他明知不合适，还是忍不住告诉了发小。一开始发小一笑了之，但麦东放不下这个念头，他不停地跟发小说，这也是今天发小彻底爆发的原因。

麦东心里知道，发小不会真的生气，因为发小见证了他变成今天这个样子的过程。从小，麦东的父母对他的管束就非常严格。当时，麦东家的经济条件不好，有一次，妈妈给他买了一个他一直都想要的文具盒，结果有一天放学回家却找不到了。他又心疼又自责，于是从那时候开始，他就养成了每天打开书包反复检查的习惯。麦东的妈妈很爱干净，每当他坐在沙发上时，妈妈都会说："别弄皱了。"于是，麦东每次坐沙发的时候都会很紧张。

这样的事情还有很多，不知从什么时候起，麦东的脑海里会反复想一件事，不停地想，有时候会想得头痛欲裂，必须吃止疼药才行。麦东又开始想发小最后说的那句话，让他去看医生，去还是不去，越想越纠结，他的头又开始疼了。正在这时，麦东的手机响了，他拿起来一看，是发小发来的信息，上面有一个心理医生的电话。

案例中，麦东的表现很明显是得了强迫症。但不同于普通的强迫症患者只有一两种强迫想法或行为，麦东的症状有很多，他的行为几乎涵盖了强迫症患者能遇到的所有问题：强迫性检查、强迫性整理、洁癖、强迫性仪式化行为、强迫性的思想斗争等。

强迫症患者在生活中还是较为常见的，它是一组以强迫想法和强迫行为为主的神经症性心理问题。其特点主要表现为强迫与反强迫同时存在，比如两个念头在脑海里反复打架。通俗地讲，就是当事人明知道很多想法和行为是不必要的，他们也不想要，但还是控制不了反复去想，严重影响了患者的日常生活、工作和人际交往等。

强迫症多发病于 25 岁以前，其发病原因多与原生家庭的教育方式严苛有关。患者从小习得了一种完美主义的人格，想要解决或消除生活中的一切烦恼。归根结底，在这种完美主义性格的影响下，遇到任何事都可能让他们的内心产生无尽的担忧和恐惧。于是就有了反复出现的强迫性想法和行为，来缓解他们内心的不安，其本质是一种安全感的缺失。

这种安全感的缺失可能是我们每个人都会有的，但不同的是强迫症患者的安全感是过度缺失的。比如，小 A 的父亲经常酗酒，经常当着他的面打妈妈。有一次，他的爸爸又把妈妈打得鲜血直流，他过去帮妈妈擦拭，结果血越擦越多。这下可把他吓坏了，后来邻居听到声音报了警，这才救回了妈妈的性命。但是从那以后，小A开始出现强迫性洗手的问题，他总觉得自己的手不干净，但这其实是他内心的安全感被破坏，他没有了防御机制，只能通过反复洗手的行为缓解内心的紧张与焦虑。从精神分析的角度来看，小A的问题属于肛欲期的滞留问题。它主要来自幼儿——通常是1.5岁到4岁的孩子在学习控制自己排便的过程中，父母不同的对待方式对其人格形成的影响。如果这时父母对孩子的训斥过多，控制过严，就可能会导致孩子的安全感不足，增加强迫症的发生概率。

对于强迫症患者来说，当结果不尽如人意时，便会反复出现纠结、痛苦的思想和行为。其实，烦恼是无法用思想想通的，想得越多，越会给自己增加烦恼。遇事倒不如学会顺其自然，学会允许问题的暂时存在，带着问题去生活。

回避型人格障碍者：心里的深洞难以填上

【自测】

你有没有这样的感觉，自己明明很喜欢一个人，却选择忽视对方，甚至装作讨厌对方。明明很渴望谈恋爱，却对亲密关系感到恐惧。如果有人突然对你好，你会非常恐慌，不知所措，脑子里只想赶紧跑开。

越喜欢越逃避，这就是回避型人格障碍者的特点。回避型人格障碍源自一种特定的心理机制，即总是感觉自己不够优秀，配不上对方，不想让对方发现自己的不足，实际上这是一种自我保护。但回避型人格障碍者没想过的是，你这次藏了起来，喜欢你的人看不到你，你会认为自己可能真的不好，下次再遇上喜欢的人，你还是会选择藏起来，认为对方看不上你。就这样，陷入恶性循环。

来做这个测试，看看你有没有可能患上回避型人格障碍。

1. 如果有人批评你，你总是无法接受。

A. 是　　　B. 不是

2. 你担心被拒绝，所以从来不会主动。

A. 是　　　B. 不是

3. 与陌生人交谈时，你会感到很别扭。

A. 是　　　B. 不是

4. 你平时只愿意与最亲密、最熟悉的人在一起。

A. 是　　B. 不是

5. 你时常感到孤独，渴望交往却害怕被拒绝，所以从来不去付诸行动。

A. 是　　B. 不是

6. 为了避免在感情上受到伤害，即便是喜欢的人，你也不敢追求。

A. 是　　B. 不是

7. 你做事总是瞻前顾后，前怕狼后怕虎，不敢尝试新事物。

A. 是　　B. 不是

8. 你喜欢独处，待在自己的小空间里会感到舒服。

A. 是　　B. 不是

9. 你总是自卑，经常自我怀疑。

A. 是　　B. 不是

【测试结果】

上述9个问题中如果你有4个或4个以上问题选择A，说明你可能存在回避型人格障碍的倾向。目前存在回避型人格障碍的患者并不算少，约占人群的3%，形成原因大多与原生家庭有关。如果你存在这方面的问题，一定要及时治疗。人生只有一次，希望你不要错过。

【症状】

· 对外界的排斥极为敏感，如无法面对批评。

· 内心孤独无助，缺少知心朋友。

· 敏感羞涩，胆小，习惯性退缩。

· 逃避社交，即便内心很渴望与人交往。
· 内心自卑，非常害怕在公共场合出丑。
· 循规蹈矩，害怕冒险。

【案例】

大一女孩陆小琴最怕的就是上专业课，因为年轻的授课老师在上课时特别喜欢和学生互动。每到这时，陆小琴就会心跳加速，紧张得手心冒汗，心里把所有神仙都求了一遍，千万不要叫到她。但不管怎么祈祷，陆小琴总有那么几次被老师叫起来回答问题。

站起来的陆小琴总觉得所有人的目光都看向了自己，她所处之地好像不是教室，而是万众瞩目的舞台。于是她脚软手软、脸红心跳，结结巴巴地回答问题，老师嫌她声音小，可她觉得自己的声音已经大得要把房子震塌了。文静害羞的陆小琴引起了班上一个男孩的注意，他开始追求陆小琴。只是陆小琴总是像受惊的小鸟似的躲得远远的，男孩则锲而不舍，这让陆小琴的内心翻江倒海。

男孩阳光、开朗的性格深深吸引着陆小琴，但是她反复地想："他肯定是觉得我好才会喜欢我，但是其实我不行啊，我这么差，简直差得要死。如果他了解了我，肯定会对我非常失望，然后会厌恶我，甚至说我是个骗子。我长得不漂亮，身材不够好，话也不会说，成绩也不出众，学校的社团都是鼓起好大的勇气参加的。我怎么配得上他？"陆小琴的自我认知一向如此，因此她在和同学的相处中，也总是下意识地保持距离，从不和同学产生冲突，就算有小矛盾也绝不计较。其实她不是不想计较，而是不敢计较。

陆小琴也不喜欢自己的性格。记得小的时候，陆小琴就是一个胆小、害羞的女孩，很怕和陌生人相处，到陌生的环境就会手足无措。家里人觉得女孩子这样挺好，总比疯疯癫癫的样子强，陆小琴也就觉得这没有什么不对。

上中学时，她同桌的女孩子早恋被发现了，女孩的家长被老师叫到学校里来处理。同桌的妈妈有气无处发，看到站在一旁唯唯诺诺、瑟瑟缩缩红着脸的陆小琴，突然指着她骂道："我说我女儿这么乖，怎么会早恋？就是你带坏的，看看你这样子，一副小狐狸精的模样。"突如其来的指责让年幼的陆小琴脑袋都是蒙的，她只会哭。事情怎么结束的已经忘了，但是从此以后，陆小琴对所有人都敬而远之，就算自己吃亏也不会声张。

然而，陆小琴在男孩眼里却是文静、漂亮、害羞、宽容大度的女孩。越是这样，陆小琴越不敢接受男孩的追求，而且她越发自卑，越发想逃离这一切！

大三的夏轩是一个高大帅气的男孩，他不仅长得极其英俊，学业优秀，多才多艺，而且家境殷实，最难能可贵的是他完全没有富二代身上的骄狂。不过，夏轩比较高冷，不苟言笑，活脱脱就是一个偶像剧里的男主角，学校里喜欢他的女孩子简直可以组成个粉丝团了。

据说，他从不缺女朋友，但是恋爱的风评很一般，因为就算是他的女朋友，也无法进入他的私人生活。一般恋爱中的小情侣到了周末必然腻在一起，但夏轩的周末都是独自行动，女朋友永远找不到他在哪里。如果女友受不了和他分手，他也从不挽留，也因此有人私下里叫他"渣男"。

夏轩的内心没有人知道，他其实非常害怕这种亲密关系，很怕自己的“人设”崩塌。在他心里，外人所有的评价都如一件件美丽的外衣，而外衣下包裹着的依然是那个怯懦、恐惧、胆小而自卑的小男孩。

夏轩小的时候，父母都很忙，他只能被保姆照看。而那个保姆很坏，她常常把夏轩关在黑漆漆的卫生间里，并不停地在门外谩骂：“你算老几，还要老娘伺候你。”后来，虽然那个保姆被辞退了，但是夏轩还是留下了心理阴影。不管他现在的外表成了什么样，心里却一直住着那个在黑漆漆的卫生间里瑟瑟发抖的小男孩。夏轩害怕别人发现他的内心是如此孱弱，所以只能织就一件华丽、冰冷而坚强的外衣来遮挡住这一切。

陆小琴和夏轩的症状很相似，都以回避社交为主，如果情况严重，可以认为他们是回避型人格障碍患者。回避型人格障碍是以全面的社交抑制或能力不足为主的人格障碍，患者往往对于有关自身的评价极为敏感，无限放大，以至于拒绝或回避社交。

通过陆小琴的案例不难发现，回避型人格障碍患者往往发病于童年期或青少年早期，伴随患者的自闭、害羞而愈演愈烈。他们往往会对陌生人和新环境表现出极度不适与害怕。一般人在成长过程中，往往也有害怕陌生人，回避社交的经历，但对比回避型人格障碍患者，一般人的问题往往会随着年龄和社会经验的增长而逐渐消失。而回避型人格障碍患者则不同，他们往往由于害怕社交或被人们评判，而竭力回避可能遇到的社交场合。

至于回避型人格障碍的发病原因，则有不同的解释。第一种解释是回避型人格障碍与遗传有关。心理学家在对双生子进行的研究中发现，回避型人格障碍与社交恐惧症有相似的发作机制，与患者早年遭受的情感忽视有很大关系。

第二种解释由认知心理学家提出，他们认为回避型人格障碍可能是个体发展信念不足或失调的表现，患者往往认为自己没有价值。因此，患者在社交和学业上都处于劣势，从而过度自卑、敏感，担心自己被别人拒绝而主动拒绝社交，这样的模式使患者很难与他人建立亲密连接。

有人把回避型人格障碍患者的反应方式形容为刺猬模式，就像刺猬在遇到外界危险时将自己缩成一团露出悲伤的刺一样，回避型人格障碍患者因为害怕危险，也会拒绝与外界的接触。其实，他们并非真的不希望与外界交流，但是他们缺乏与外界交流的勇气，除非有人能保证他们不受到人们的非议和评价。他们往往容易夸大生活和处境中的危险因素，回避某些活动，以至于生活、学习和工作都受到明显的影响。想要改善他们的问题可以从调整不合理的认知开始。

132

偏执型人格障碍者：过日子也要填表吗？

【自测】

如果你看过电影《独裁者》，一定会对里面的主人公记忆深刻，他就是一个典型的偏执型人格障碍者。男主角狂妄自大，不信任任何人，而且总是怀疑别人想加害于他。只要有人令他不满，即便只是说了一两句话，他就会让卫兵把反对者都消灭了。

偏执型人格障碍者为数不少，占心理障碍总人数的5.8%，这类人由于缺少自知之明，所以并不认为自己的行为过激。即便意识到问题，也很难改变，而且这类患者很少求助于医生。

那么，现在来测一测，你是否存在偏执型人格障碍倾向呢？

1. 你不信任他人。

A. 是　　B. 不是

2. 你对他人要求严苛。

A. 是　　B. 不是

3. 如果别人辜负了你，你总是无法原谅，并记恨在心。

A. 是　　B. 不是

4. 如果你觉得有人故意羞辱你，你会暴跳如雷，并迅速做出反击。

A. 是　　B. 不是

5. 你曾经猜忌自己的伴侣背叛你，实际上并没有证据。

A. 是　　B. 不是

6. 你总是抱怨别人给自己惹麻烦。

A. 是　　B. 不是

7. 你经常感觉别人有意疏远自己，或者不喜欢自己。

A. 是　　B. 不是

8. 你很难控制情绪。

A. 是　　B. 不是

9. 你经常说出一些恶毒的言语，即便内心不想这样说。

A. 是　　B. 不是

【测试结果】

上述 9 道题目，如果你有半数以上选 A，说明你存在偏执型人格障碍倾向。符合的题目越多，情况越严重，必要时你需要咨询心理医生。

【症状】

· 爱慕虚荣。
· 存在很强的自卑心理。
· 性格敏感多疑，总是把别人往坏处想。
· 总觉得自己不被重视。
· 心胸狭隘，嫉妒心强。
· 拒绝接受批评，被质疑时会和对方进行争论。
· 受不了挫折。
· 性格冲动、好斗。

【案例】

对别人来说，“家”是一个幸福、温暖、安全的地方，可对姚真来说，家却如同地狱一样，让她感到压抑、痛苦。哪怕她已经一整年没回家了，一想到家她仍然会感到非常痛苦。就算如此，每到她发工资的日子，父亲都会准时打电话来让她汇钱回家。别误会，这里面没有什么狗血的剧情，姚真家里并没有需要她来养活的弟弟，也不是等她的工资来买米下锅。相反，她是独生女，家里经济条件还不错，这到底是为什么呢？原来这是她的父亲寻找存在感的众多手段之一，他每天都要让姚真汇报自己的一举一动。

曾经姚真也有一个幸福的家，父亲曾是一家大公司的高管，母亲是普通文员。她家生活富裕，父慈母爱，其乐融融。一切变故发生在父亲40岁那年，工作一向严谨、细致的父亲负责的一个项目出了差错，给公司造成了不少的损失。当时他带的团队被取消了奖金，他自己也被降职、减薪。其实对于公司来说，这是很正常的奖惩措施，但父亲认为这一切都是新来的副总故意整他，于是一气之下辞了职。

回家之后的父亲雄心勃勃地说，凭着自己的经验、能力、人脉，以后不伺候人了，他要自己开公司当老板，非得做出个样子给整他的副总看看。结果父亲创业不到一年，公司就倒闭了，家里的存款也花光了，这时父亲才发现离开了原来的公司自己寸步难行。幸好，父亲还有点理智，没把房子、铺面搭进去。此事过后，父亲更放不下面子来重新找工作，就赋闲在家了。

从此以后，父亲的情绪变得喜怒无常，姚真和母亲的悲剧从此开始了。比如，姚真和母亲看电视剧时，夸了一句里面的某个男主角，爸爸就会大发雷霆，说她们母女瞧不起他。父亲每天在家里就念念叨叨，说他的一切都是那个副总毁的，并找出很多证据证明那个人是故意和自己过不去。父亲对她们母女的慈爱和宽容慢慢地都不见了。他冷嘲热讽、无事找事，鸡毛蒜皮的小事都可以被无限放大，说话越来越难听，每天背着手在家里走来走去，看什么都不顺眼。

有一次，姚真穿了一件红色的吊带裙，父亲便冷笑着说，穿成这样成何体统，哪有大家闺秀的样子。有时一家人正吃着饭，父亲会呵斥姚真停下来，说她吃饭的姿势难看，以后绝对嫁不出去。姚真父亲的偏执倾向越来越严重，甚至开始怀疑妻子出轨，还把妻子单位里的男同事、邻居、老同学一一写在本子上，挨个分析。后来，父亲开始跟踪妻子，结果发现妻子除了买菜逛街，什么也没干。

有一天，父亲把她们母女叫到一起开会，拿出自己做的一张表格——家庭管理表。他要求女儿和妻子每天按照管理表汇报自己当天的行程、接触的人、去了哪些地方等。父亲得意地说：“我以前是管理一个公司的人，现在还管不了你们母女了？”

姚真简直快被逼疯了，她问母亲怎么忍受得了父亲。母亲说她始终认为父亲现在的状况是因为受了刺激导致的性情大变，并且相信父亲会好起来的，因为他曾经是那么好的一个人。

姚真则忍无可忍，向单位递交了调到其他城市的分公司工作的申请。即便如此，父亲依然每天给她打电话，让她填写家庭管理表。姚真不接电话，他就不停地发信息，告诉姚真，他是一家之主，要管好这个家！

姚真希望父亲能够赶紧好起来，变回之前那个宽容、慈祥的父亲，一家人重新和和睦睦地在一起。但是她也不知道，这个愿望到底能不能实现！

姚真的父亲让家的概念在她的心中变了味儿，她只要想到家里的事就非常痛苦、压抑。她父亲的这种症状，可能是偏执型人格障碍的表现。偏执型人格障碍患者往往会以明显的猜疑和偏执为主要特征，对自身症状和问题缺少自知力，不主动求助，并且把他人的问题无限放大，将导致自身失败的责任推给他人。偏执型人格障碍患者往往会给家人或同事带来很大的痛苦和影响。

像姚真的父亲一样，偏执型人格障碍患者往往很难相处，他们内心恐惧不安并竭力寻找线索支持自己的判断。即使由于自己的失误导致了失败的发生，他们也会去争论、抱怨、责备他人，他们因为内心感到恐惧而想要控制周围的人，对他人永远充满了敌意和猜忌。

了解了这些，你也许就能体会到姚真的那份痛苦和无助了。其实，想要帮助偏执型人格障碍患者康复真不是一件容易的事。

心理学家通常认为，偏执型人格是原生家庭心身整合失败的产物。也就是说，偏执型人格障碍患者往往会带着原生家庭没有解决好的问题生活，比如他们的父母是非常有控制欲的人，那么他们的需求和愿望得不到满足，行为得不到肯定，发展出一种不被爱、自卑、匮乏的思维模式，从而极度缺乏安全感。等到成人后，他们会把这一切归结为父母的错，因为父母给了自己非常痛苦的童年。同样地，他们会在受到挫折时把错误推给他人，认为只有自己没有错。

我们经常会说偏执不是问题，人格不是问题，障碍才是问题。有问题的人不承认自己的问题才是最大的问题，因为这样一来，改变也无从谈起。如果在家人的帮助下，他们能够接受心理咨询，也是可以有所改观的。至少心理咨询师会帮助他们逐渐厘清一些思绪，减少偏执的想法和恐惧，真诚地面对自己的内心。

但是在治疗上，专业人士想要调整、改善偏执型人格障碍患者的病情需要足够的时间和耐心，一般可以通过认知行为疗法和动机面询来改善患者内心偏执的想法，松动他们那些不合理的认知。

138

依赖型人格障碍者：不要让我一个人独处

【自测】

关于依赖型人格障碍者的特点，心理学家霍妮是这样分析的：他们深感自身的软弱无助，理所当然地认为别人比自己更好，无意识地倾向于以别人的看法来评价自己。

如果你怀疑自己也是依赖型人格者，试试下面的测试吧。

1. 工作上的事需要你做出决策，然而刚好赶上周末，没有同事能给你建议，你会怎样？

A. 无法做出决策　　B. 可以独立做出决策

2. 你经常感到无助，习惯了别人为自己做决定。

A. 是　　B. 不是

3. 你总是担心被别人遗弃。

A. 是　　B. 不是

4. 为了讨好同事或领导，你会做一些自己不愿做的事。

A. 是　　B. 不是

5. 当你独处时，你的心理状态如何？

A. 孤单无助，非常难受　　B. 没有什么特别的感受

6. 即将结束一段恋爱关系，你会表现出怎样的状态？

A. 情绪彻底崩溃　　B. 情绪低落

7. 你总是觉得自己被人嫌弃，并因此陷入消极情绪。

A. 是　　　B. 不是

8. 当你完成某项领导交办的任务之后，领导没有表扬你，你的感觉如何？

A. 非常难受　　B. 无所谓

【测试结果】

上面的测试中，如果你有 5 道题以上选 A，说明你具有一定的依赖型人格的特征。

【症状】

· 做决定时习惯找人帮忙，或让人替自己做出决定。

· 欠缺独立意识，过分顺从他人的意志。

· 对于自己依赖的人，很少提出要求，而是处处委曲求全。

· 担心不能照顾自己，独处时会很不舒服。

· 担心被恋人抛弃，一旦结束一段亲密关系，就很容易陷入崩溃状态。

· 以感性性格为主，情绪控制能力较差，存在选择障碍。

· 懒惰，性格脆弱，做事缺少创造性。

【案例】

放下闺密的电话，小梦呆呆地坐着，闺密电话里狂风暴雨般的话语都隔断在了电话的那头，此刻家里显得异常安静。其实不用闺密说，小梦也知道自己的老公又出轨了。作为妻子，她从生活点滴中就能感觉出来，只是不愿意承认而已。闺密毫不留情地把事情摊开摆在她面前，恨铁不成钢的话还回荡在耳边："你能不能挺起腰板生活？你哪儿比别人差了？他值得你卑躬屈膝地伺候吗？"

然而，现在小梦感觉到的不是伤心，而是恐惧和慌乱，她不知道老公会不会和她离婚？离婚了她一个人要怎么办？她在上一段婚姻结束后的日子里就像一个在黑暗中行走的孩子，看不到生活的希望，每天以泪洗面，就像被抽掉了脊柱的人，无法独自前行一步。这并不是因为她对前夫的爱有多深，而是因为她害怕一个人生活。

在她的潜意识里，一个人怎么能生活呢？这多可怕啊，要面临那么多事，没人给她拿主意，自己什么也不会，她是绝不可能独自生存的。闺密最烦的就是小梦的这种想法，在闺密眼里，小梦的条件不知道有多好，让多少人羡慕。小梦出身于书香门第，父母都是大学教授，自己也是名校毕业，有一份稳定的工作。小梦长得漂亮，性情温顺，与世无争，还烧得一手好饭。这样的条件摆明了就是一辈子无忧无虑、开心快乐的人，小梦却在婚姻上一次次让人大跌眼镜。

第一次婚姻就算小梦年轻不懂事，刚刚大学毕业就结了婚，没想到不到两年男方就出轨了，而且表示坚决离婚，一点儿商量的余地都没有。闺密气得不行，要去找"渣男"讨个说法。"渣男"说："我要的是一个妻子，不是一个女儿、一个仆人、一个玩偶。"闺密知道小梦温顺，没主见，遇事拿不定主意。小梦在读书时事事由父母做主，结婚后又需要老公拿主意。但除了这点，小梦哪儿也不比别人差。于是，闺密苦口婆心地劝小梦："人家都这样说你了，你就不能独立一点？你条件那么好，如果再坚强一些，自立一些，什么样的好男人找不到，你着什么急结婚？"

结果没过多久，小梦又开始了第二段婚姻，这下把闺密气得差点和她绝交。小梦这次找的老公比她大了十来岁，一脸猥琐的样子，没有正经工作，到处骗吃骗喝，张口就是上亿元的大生意，但从没见他挣过一分钱回来。这个男人花小梦的钱，住小梦的房子，开小梦的车，回家什么也不干，跟大爷似的让小梦伺候。他唯一的“特长”就是花言巧语，每天还不停地向小梦灌输，说他可以娶到比小梦优秀得多的女人，小梦哪里都不行。

男人确实事事给小梦拿主意，让小梦为了他那些“上亿元”的大生意找人借钱，小梦则是言听计从。最后弄得小梦的亲戚、朋友全都远离了她，父母也多次劝说无果，伤心不已。

看到小梦没出息的样子，闺密真是快被气死了，她问小梦：“你暂时不结婚能怎样，你自己就不能过日子？”小梦低头哭泣，心里想：“自己一个人怎么过日子？这光想想就太可怕了，现在的老公虽然这不好那不好，但是愿意和她过日子啊。”

只是现在，老公又出轨了，这可怎么办才好？绝对不能问他，如果他像前夫那样摊牌了怎么办？他也要离婚怎么办？一想到这里，小梦就心慌害怕。闺密曾经问她：“你爱他吗？”其实小梦也知道，这两任老公都谈不上爱，过日子嘛，什么爱不爱的，有那么重要吗？重要的是，她不再是一个人生活了。小梦擦干眼泪，换了一身衣服，化上美美的妆，装作一副若无其事的样子继续给老公做他喜欢吃的菜。小梦心想：“这样老公就不会离开我了吧。”

小梦害怕的不是离婚，而是害怕离婚后一个人生活，无所依附。她必须依赖另一个人而活，无论这个人是否真心对她。她的第二任老公比她大十来岁，没有正经工作，又婚内出轨，但依然无法让她离开这段婚姻。相反，她是最怕离婚的那个人。

心理学家一般把这样的患者称为依赖型人格障碍患者。患者常常表现出缺乏独立性，有强烈的无能无助感，害怕被遗弃，他们必须依附于他人，过分顺从于他人的意志而活。因为他们在面临关系终结时会有强烈的毁灭体验，所以会想尽办法容忍和挽留自己的爱人，这一切都源自他们那无法独立的自我感知。

依赖型人格障碍患者以女性居多，多发病于幼年时期。如果幼儿的分离焦虑没能平稳过渡，他们的内心会缺乏安全感，只要离开父母就会歇斯底里地哭喊，极度害怕父母离开。在他们看来，父母是万能的，他们异常害怕失去这赖以生存的保护神。这时，父母应该给孩子一些长大和自立的机会，逐渐减少孩子的依赖心理，如果加倍溺爱反而容易导致依赖型人格障碍的形成。

所以，我们不难从这样的逻辑中发现，有些依赖型人格障碍患者从小生活在一个家长包办的环境中，父母把本该由孩子决定的事揽过来自己承担，导致孩子从小应该发展和锻炼的空间被压缩了，机会被剥夺了。心理咨询师认为，依赖型人格障碍患者总是在等别人替他们做决定，这样他们就不用承担任何因选择失误而导致的责任。害怕承担责任，所以拒绝做决定，这源于患者的父母从来没有给过他们独立决定的机会。

对于依赖型人格障碍应该预防大于治疗，所以在孩子出现问题时，要及时寻求专业帮助，通过正确的引导帮助孩子改善自己的情绪和行为问题，尽量避免人格障碍问题的发生。依赖型人格障碍患者很少主动向心理咨询师求助，他们往往是在家人或朋友的要求下来到心理咨询中心。依赖型人格障碍患者最关键的问题是人格社会化不足。

边缘型人格障碍者：不作妖不成活

【自测】

一个女人和一个男人通过相亲网站认识了，聊得不错。一段时间之后，女人准备约男人见面，没想到男人却突然从网络上消失不见了。女人很纳闷，以为遇上了骗子，就删掉了对方。结果男人又出现了，并且发起了一轮迅猛的追求攻势。就在这段关系终于要开花结果时，男人又突然变得很冷淡。他不再像之前那样每天给女人打电话、发微信，而是变成了一个陌路人。而女人主动联系的时候，男人只是礼貌性地回应，就像两人之间什么也没发生过一样。后来，两个人一直保持着联系，男人也会为女人在工作上提供许多帮助，唯独对感情只字不提。

这是怎么回事？如果你不懂边缘型人格障碍，可能真弄不明白其中的原委。下面的测试与边缘型人格障碍有关，来自我检测一下吧。

1. 你非常努力地讨好伴侣，生怕被对方抛弃。

A. 是　　　B. 不是

2. 你喜欢一个人却不敢接近，导致情绪焦虑。

A. 是　　　B. 不是

3. 你经常会感到空虚，无所事事。

A. 是　　　B. 不是

4. 你的情绪总是不稳定，经常出现暴怒行为且无法控制。

A. 是　　　B. 不是

5. 你经常会因为琐事导致强烈的负面情绪出现。

A. 是　　　B. 不是

6. 你容易冲动，甚至会出现自残行为。

A. 是　　　B. 不是

7. 你持续出现自杀倾向、行为，或者是自残行为。

A. 是　　　B. 不是

8. 你存在短暂的妄想意念或严重的解离症状。

A. 是　　　B. 不是

【测试结果】

以上 8 道题中，如果你有半数以上的题目选 A 就需要注意了，你可以向专业人士进行咨询。

【症状】

· 缺少自我认同，自我怀疑，存在强烈的自卑感和危机感，总是感觉自己没有价值。

· 焦虑情绪常伴左右，缺少安全感，精神时刻处于紧张状态，因此一件小事就会导致情绪爆发。

· 对于分离异常敏感，害怕被人抛弃，害怕孤独。

· 自控能力差，很容易做出冲动且危险的行为来宣泄情绪。

· 缺乏同情心与自我意识，对什么事都没兴趣。

· 人际关系混乱，想接近别人，却又因为强烈的不信任感和焦虑把身边的人推开。

【案例】

看着面前这个挥舞着双手、歇斯底里大喊大叫的女人，秦升心灰意冷地坐在沙发上。秦升面前的茶几上放着几个东倒西歪的空酒瓶和一些零钱，地上是剪成碎条的衣服……秦升苦笑一下，这衣服是他昨天刚买的。碎衣服旁边是一个砸断了腿的小木凳子，秦升摸了摸右臂，心想也不知道骨折了没有。没错，刚才自己喜爱的女人挥起木凳毫不犹豫地砸向了秦升的头，情急之下他用手臂挡住了，木凳断了，估计他的胳膊也伤了。算了，秦升看了一眼已经住了一年的地方，轻声说道："小婉，我们分手吧，今后你多保重。"说完，秦升就向门口走去。

那个头发蓬乱，又哭又叫的女人突然安静下来，接着向秦升扑了过来，一下子跪在地上，抱着秦升的腿，语无伦次地道歉、挽留。秦升除了厌烦再没有其他感觉，这样的场景不知道重复了多少次，最近出现得越发频繁了。秦升从开始的心软到后来的无语，再到现在的厌恶，他奋力挣开女人的手，坚定地向房门走去。刚打开房门，只听女人大喊一声："秦升，你不要后悔！"

回头一看，只见女人拿起了茶几上的水果刀，直直地盯着他，毫不犹豫地往胳臂上划了一刀，血瞬间滴了下来。秦升并没有慌乱，而是淡定地拿出电话打了120和110。他叹了一口气，这样的场景他已经非常熟悉了。随后，他关上了门，靠在走廊的墙壁上点了支烟，等着医生和警察的到来。能做到这样，秦升也算仁至义尽了。

秦升一边抽着烟，一边回忆两个人的初次相遇。他们相识在一个春天，这个叫小婉的女孩豪爽、独立、开朗。两个人认识以后，女孩毫不掩饰对他的崇拜和喜欢，种种行为让秦升觉得对于女孩来说，自己真的是最优秀的男人了。很快，两个人就在一起了，但没过多久，秦升就开始怀疑自己的这段恋情是不是太轻率了。

秦升最初发现异样是因为小婉不停地换工作，而理由都是同事的问题、公司的问题。小婉还经常向他抱怨，她没有一个关系要好的朋友。此外，小婉的情绪极不稳定，一会儿信心满满地要做这做那，一会儿又自怨自艾地觉得自己一无是处。秦升知道小婉的父母感情不和，经常吵架，她从小就是在这样的环境中长大的。因此，秦升很心疼小婉，当她的情绪反复不定时，他总是耐心温柔地安慰，但效果好像不大。如果秦升因为工作或其他原因没有及时回复信息，小婉会闹得非常厉害。

不知从何时开始，小婉染上了酗酒的毛病，越喝越多，喝醉了就又哭又闹，酒醒后又内疚不已，求秦升原谅她。再后来，也是让秦升彻底心冷的是，小婉染上了赌博的恶习。从开始偷偷摸摸的，到后来明目张胆的，秦升的收入已经难以维持两人的生活。在小婉偷偷卖了秦升的笔记本电脑去赌博后，秦升终于爆发了，第一次提出了分手。

那次，小婉哭着求他，写保证书，发誓自己再也不这样了。看着小婉这样，秦升心软了。哪知道从此以后，这竟然成了常态。只要两人吵架，小婉就来这一套。她用刀划自己，拿东西往秦升身上砸，之后又突然下跪、求饶、保证。慢慢地，秦升已经无力应对。只要他说分手，小婉就会摆出一副同归于尽的架势。闹得凶了，只有报警。秦升想万一哪天真出了事，至少也得有人知道真相，他自问在这场恋爱里是无愧的。

听到警车和救护车的声音，秦升松了口气，他希望小婉这次以后能好好生活。而他下定决心不再回头了，希望今天来的警察能给他做个见证。秦升把烟头熄灭丢进了垃圾桶里，深深地叹了口气，他不知道为什么自己的恋爱会谈成这个样子。

秦升和小婉这对情侣有一个好的开始，却没有一个好的结尾，真是让人惋惜。其实案例中的小婉可能得了一种叫边缘型人格障碍的病。边缘型人格障碍患者的人际关系混乱，情绪状态极不稳定，行事冲动，严重时还会出现自杀自伤的行为。

在专业人士看来，患有边缘型人格障碍的人内心缺乏自我认同，自尊低，这些往往会给患者带来人际关系上的混乱。他们发病于青春期，也就是埃里克森的人格发展理论中所说的自我同一性和角色混乱时期。由于一些心理冲突和关系问题没有处理好，致使边缘型人格障碍患者的人格处在极度不稳定和自相矛盾的状态，最后导致人格发展迟滞。

边缘型人格障碍患者的心境体验往往容易反复摇摆在愤怒、悲哀、羞耻、惊慌、恐惧、兴奋和全能感之间，心境快速多变，特别是当他们遇到一些应激事件时。从案例中小婉和秦升戏剧化的吵架、摔东西、分手、求饶中，我们不难发现边缘型人格障碍患者的这些特点。

与依赖型人格障碍患者一样，边缘型人格障碍患者对于抛弃、分离特别敏感，他们都会千方百计地避免，但不同的是，后者往往会采取一些极端的方式，如小婉在发现跪地乞怜不管用时，马上就变了一副面孔，想要通过自伤威胁对方就犯。他们在独处时往往缺乏自我调节能力，便通过饮酒、吸毒等方式来排解空虚的孤独感。

依赖型人格障碍发病原因与患者的童年经历有关，他们的童年往往很艰辛，如缺乏父母关爱、被虐待、被遗弃等。也可能童年时受到父母情绪极不稳定的影响，导致他们无法将正常时的父母和情绪不好时的父母融合，便分裂出了极度不稳定的人格。

在心理咨询与治疗方面，边缘型人格障碍患者的问题不易改善且容易复发，需要经过长期的专业治疗才能逐渐趋于稳定。

自恋型人格障碍者：完美如我，注定孤独

【自测】

纳西索斯是希腊神话中的人物，他是一个拥有旷世美颜的奇美少年。一日，他经过湖边，在水中发现了自己的影子，但他并不知道这是他本人，于是心生爱慕，难以自拔，终于有一天赴水求欢溺水而亡。众神出于同情，让他死后化为水仙花，这样可以一直留在水边，永远守望着自己的影子。

下面的题目可以大概帮助你了解自己是否存在自恋型人格障碍的倾向。

1. 完成一项团队任务之后，你总是觉得自己的贡献最大。

A. 是　　B. 不是

2. 闲下来的时候，你的脑海里经常会幻想各种不切实际的事情。

A. 是　　B. 不是

3. 无论是在学校还是在单位，你都认为自己是独一无二的存在。

A. 是　　B. 不是

4. 当你完成一项任务并受到嘉奖之后，你总觉得自己应该得到更大的嘉奖。

A. 是　　　B. 不是

5. 在工作中，你总希望得到领导的照顾。

A. 是　　　B. 不是

6. 你会为了达到自己的目的而占有他人的利益。

A. 是　　　B. 不是

7. 你缺乏同情心，不愿设身处地地考虑他人的感情和需求。

A. 是　　　B. 不是

8. 你习惯性嫉妒别人，或者认为别人都在嫉妒自己。

A. 是　　　B. 不是

9. 无论是在工作还是在生活中，你总是表现出傲慢的态度或行为。

A. 是　　　B. 不是

【测试结果】

上述 9 道题中，如果你有 5 道题以上选 A，就需要引起重视了，这说明你存在一定的自恋型人格障碍的倾向。

【症状】

· 以复杂的主观体验为特征，包括夸张、愤怒、自我贬损、空虚和冷漠。

· 认识自己内心状态的能力受损。

· 性格脆弱，害怕拒绝，缺乏洞察力。

· 总认为自己是对的，无法接受批评，会因此感到愤怒、羞愧、耻辱。

· 习惯性指使他人为自己做事，渴望拥有权力。

· 很难建立长期稳定的亲密关系，如难以维系恋爱关系。

【案例】

在今天的经理联席会议上，刘天赐对自己的表现很满意，七八个部门经理中，他不觉得有谁比他强，最多就是比他早进公司，资格更老而已。他觉得副总说他的方案太浮夸，是出于嫉妒，生怕副总的位置被他抢了。

回到办公室，刘天赐把文件丢在办公桌上，开始胡思乱想。刘天赐想着想着，就到了下班的时间。下了班，刘天赐来到和女友约好吃饭的餐厅。一看见女朋友，他便皱起眉头，不快地说："你看你穿的这是什么衣服！"

他的女友莫名其妙地看了看自己的西装套裙，优雅大方，标准的职业女性装扮，有什么问题？刘天赐看女朋友毫无自觉性，便滔滔不绝地说了起来，从衣服的颜色、款式到口红的颜色都不对，并且提出了自己的观点，还说如果女朋友按照自己说的那样搭配，绝对是完美无缺的。女友开始还争辩几句，后来干脆不说话了。

刘天赐发表完自己的观点，心情好了不少，对女友说："今天想吃什么，随便点。"结果点菜的时候，他又对女友点的菜指指点点，最后除了一个菜是两人商议之后定下的，其他都是他点的。对于刘天赐的行为，女友似乎已经习惯了，懒得和他计较。女友曾经警告他："我不是不想和你理论，只是懒得和你吵。"刘天赐却说："找到我这种男朋友，你做梦都要笑醒，你就暗自开心吧。"

吃饭的时候，刘天赐还是发觉了女友今天有些不开心。他想了想，还是关心地问了一下。女友叹了口气，说她有一个朋友得了癌症，但是家里很困难，大家想着是不是凑点钱，帮一把。

刘天赐想都没想，脱口而出："既然是癌症，花再多钱也没用，这就是个无底洞，没必要。"

女友停下筷子，盯着他。他继续无所谓地说："难道我说得不对吗？人都是要死的，只是早死晚死而已。"

女友气得把筷子摔向他，咬着牙说："刘天赐，真没想到你是这种人。平时自恋过头也就算了，没想到你还这么冷漠，毫无同情心，你这种人只会爱你自己。你不是觉得你很完美吗？其实我觉得你心里有病，请你去看看心理医生吧。我就不奉陪了！"说完拂袖而去。

对于女友突然提出的分手，刘天赐只是难过了一小会儿，可能连一顿饭的时间都没有。他也没有挽回的念头，因为他相信一定会有更优秀的女人等着他。而女友提出分手的原因也太可笑了，他哪里不完美？笑话，他还需要看医生？

在刘天赐看来，他的人生将会很美满。他犯不着为了某个人停留和改变，因为没有谁值得他这么做。这个世界上没有谁能真正懂自己，完美的他注定是孤独的。

案例中，刘天赐荒诞、可笑的地方在于他总是自我感觉良好，认为别人都不如自己，这其实是因为他患有自恋型人格障碍。自恋型人格障碍成因复杂，它的主要表现是患者对于自我价值的夸大，并且对持反对意见者非常敏感。

适度的自恋是一种健康人格所需要的特质，但自恋型人格障碍患者不同，他们的症状完全超出了适度范围。比如，案例中的刘天赐，他极度自恋的行为引起了他人强烈的不适感，最后女友只好避而远之。这样的人格障碍患者，往往会在交友和工作上遇到巨大的麻烦。

表面上，刘天赐是在和女友谈恋爱，但他爱的其实只有他自己。

他对所有事物的评判都是基于自己的利益受损与否，这也是为什么当女友提到朋友患癌症时，他那么冷漠且自以为是。自恋型人格障碍患者不是没有情感，只是他们常常以自我为中心，不懂得换位思考，读不懂别人的情绪状态。但是他们的方式和程度明显超出了常态，成了一种病理性的自恋。

这是一种非常严重的心理障碍。其实，自恋型人格障碍患者之所以痴迷于自恋，是由于内心的深层恐惧在驱使他们。相关研究表明，恐惧是自恋人格的激发因素，比如他们消极的自我体验会引发防御的自我夸大，这可能与他们早年的“自恋创伤”有关。为了避免触发自己的童年创伤，他们发展出了自恋这样的防御方式来进行自我保护。

刘天赐也会因为女友的抛弃而难过，但他把这种否定和抛弃带来的无价值感投射到对方身上，从而保护自己敏感而脆弱的自尊。自恋型人格障碍患者缺少自我抚慰能力，只好把问题归咎到别人身上。他们缺少同理心，缺少感知他人情绪的能力，如果不加以治疗，他们很可能会一直孤独下去。与其他人格障碍患者一样，自恋型人格障碍患者往往缺少主动求助的意愿，正因如此，他们才更需要在心理咨询师的引导下，逐渐看到健康自恋与病态自恋的区分。

154

循环型人格障碍者：人生是一个圆

【自测】

循环型人格障碍，又被称为情感型人格障碍、情绪易变型人格障碍，患病者以女性居多，其表现是躁狂症与抑郁症的症状交替出现。循环型人格障碍并没有严格的测试题，你可以看看自己是否符合下面两条症状，如果都符合，说不定你也存在此类病症的倾向，如有需要可以进一步咨询就医。

· 情绪变化无常，一会儿开心大笑，一会儿又会大哭起来。

· 无法控制情绪，而且意识不到自己情绪的变化。

【症状】

· 循环型人格障碍根据表现不同，具体可分为抑郁型人格障碍、情绪高涨型人格障碍和循环型情绪人格障碍。

· 抑郁型人格障碍也被称为情绪低落型人格障碍。患者的临床表现为没有精神，浑身没劲，不想说话，焦虑易怒。即便是很简单的任务，也会觉得非常困难。消极悲观，习惯性抱怨。

· 情绪高涨型人格障碍患者的临床表现为精神亢奋，做事盲目乐观，草率行事。

· 循环型情绪人格障碍患者的临床表现为情绪变化极不稳定，一会儿情绪高涨，一会儿异常低沉。两种情绪变化的间隙不长，有时也会有一个比较正常的时期。

【案例】

某综合学院刚入学的大一女生邱婉吸引了所有人的目光，她身材出众，五官精致，一双眼睛如含秋水，长发齐背，穿着时尚，远远走来就如模特一般。

邱婉在各种迎新活动上自然成了主角，她多才多艺，在新生才艺展晚会上出尽了风头。她开朗、热情、自信、阳光，不管是班级的事、社团的事还是学生会的事她都积极参与。学习上也同样如此，她从不翘课，作业、考试成绩都不错。负责他们班的辅导员洪老师暗暗开心，他一个人带了好几个班，有这样能力强的同学自然可以帮他分担很多事。作为文娱委员的邱婉不负众望，带着班里的同学在学校举办的几个比赛中都获取了好成绩。

然而，奇怪的事发生了。接近期末的时候，一直像太阳一样炽热、充满活力的邱婉却突然阴郁了下来，就像被云遮住的阳光。不知从哪天起，大家突然发现，好几天没有听到邱婉爽朗的笑声了，甚至上课的时候也不见了她的踪影。偶尔在食堂里碰见她，她也没了往日的精致，随意穿着一身运动服，头发草草地扎在脑后，也不和人说话，来去匆匆的。

辅导员洪老师不由得担心起来，邱婉是不是遇到了什么事？是和同学有矛盾了，还是家里出了什么事？想来想去，洪老师找了和邱婉同寝室的几个女孩了解情况。几个女孩都表示她们也觉得莫名其妙，仔细想了一下最近一切正常，没发生什么特别的事，大家相处得一直很愉快。听邱婉和家里通电话，也不像是有什么事的样子。

邱婉没谈恋爱，不可能失恋。要说有什么事，那就只有邱婉之前一直筹划着要在班里搞个合唱团，又是写方案，又是找资料，又是琢磨着请老师辅导，忙活了好一阵子。可是，后来邱婉就没有动静了，也不知道她筹备到哪一步，是不是需要帮忙。

洪老师初步了解情况之后，找来邱婉谈心。邱婉哭得很伤心，她告诉老师自己的情绪状态很糟，觉得自己一无是处，做什么都做不好，对不起同学们，对不起老师。她觉得自己没有能力，该为班级争取的事也没有能力争取下来。洪老师耐心地安慰了她，并且告诉她，她很棒，大家都很喜欢她，也很担心她，希望她能赶快振作起来。

这次谈话的效果很明显，邱婉果然又像从前一样自信满满、精力充沛地出现在了大家的面前。随着时间的推移，大家发现邱婉的情绪就像坐过山车一样，总是反复无常。一段时间精力充沛，积极开朗，每天都笑呵呵的；可没过几天就会成为一个“情绪低落”的人，自怨自艾，而且由她负责的事往往虎头蛇尾，没了下文。

除了情绪反复无常，大家没觉得邱婉有其他什么特别的问题，只是她这种“不稳定”的状态让很多人都感到疲惫。刚开始，大家还会关注她、安慰她，可时间长了，大家都有些受不了了，甚至有同学在背后说起了她的坏话。有一次班干部选举的时候，大家都没有投她的票。落选后，邱婉痛定思痛，发誓一定会改变自己，重新找回以前的光芒。但是大家都不再相信她，因为谁也不知道这样信心满满、充满干劲的邱婉哪天又会变成生无可恋、伤春悲秋的那个人。

在这个案例中，我们可以看到邱婉身上的一些显著特点，比如做事虎头蛇尾，三分钟热度，这样的状态让她在老师、同学中的威望逐渐减少，最后没有人再信任她了。正如案例中描述的那样，邱婉的内心像坐过山车一样，反复无常，阴晴不定。她有时处在情绪高涨、兴趣盎然的状态，有时又愁眉不展、毫无生机。这种症状通常被称为循环型人格障碍，它有些像躁郁症的表现，但与之不同的是，前者的状态极不稳定，言行不一，又对自己的状态缺乏客观的认识和自知力。

循环型人格障碍，又被称为情感型人格障碍，多见于女性。循环型人格障碍表现为周期性发作，患者时躁、时狂、时抑郁，他们会随着自己的情绪状态低估或高估自己的能力，做事往往有始无终。

在发病原因上，循环型人格障碍的成因相对复杂，有人说这是先天基因遗传导致，但心理咨询师更倾向于认为这是后天环境导致的，比如患者的早年家庭关系，早年丧亲，受虐待，等等。

我们从邱婉的案例中不难看出，循环型人格障碍患者在遇到外界刺激时，往往会有更强烈的情绪反应，他们非常敏感且在意外界的评价与反应。患者如果想要改善自己的问题，就要多留心让自己的情绪出现变化的外在因素，以更好地预防、控制。当然，这样的事先预警并不容易做到，如果自行处理的效果不好，就要尽早寻求专业人士的干预。

没有选上班干部的邱婉，内心是崩溃的，虽然文中没有提及，但我们可以想象到她内心深处那种无奈、凄凉的感觉是很难忍受的。可能正是因为患者内心异常的体验，决定了他们的人格变化趋于高度不稳定的状态，他们的状态完全可以用“上一秒天堂，下一秒地狱”来形容。循环型人格障碍患者需要记住，你可以让思想左右你的情绪，但永远不要让情绪左右你的思想。你需要正视自身的问题，才能更好地迈向前方。

158

分裂样人格障碍者：关在屋里的男孩

【自测】

分裂样人格障碍者在认知、社会、行为模式等方面存在缺陷，他们敏感多疑、妄自尊大，又极易产生羞愧感和耻辱感。下面的测试题也许能够帮你发现你的一些问题。

1. 你经常做一些反常的行为。

A. 是　　B. 不是

2. 你喜欢穿奇装异服。

A. 是　　B. 不是

3. 你的表达能力很差，经常出现词不达意的现象。

A. 是　　B. 不是

4. 你经常出现幻觉，如看到一些不存在的人。

A. 是　　B. 不是

5. 你情感淡漠，即便是对最亲密的人也没有特殊的感觉。

A. 是　　B. 不是

6. 除非没有办法，否则你都是一个人独处。

A. 是　　B. 不是

7. 无论是面对表扬还是批评，你都没有感觉。

A. 是　　B. 不是

8. 你总是觉得生活中谁都无法信任。

A. 是　　　B. 不是

【测试结果】

上述 8 道题中，如果你有 5 道题以上选 A，那么就说明你存在一定的分裂样人格障碍倾向，如有必要可以进一步咨询就医。

【症状】

· 性格内向，情感迟钝，对于社交感到恐惧。
· 喜欢幻想，喜欢理论推测，但是很少行动。
· 喜欢独处，不喜欢与人建立亲密关系。
· 没有发生性行为的兴趣。
· 除了亲属，几乎没有密友。
· 总有一些奇怪的想法。
· 经常猜疑，性格偏执。
· 常有不同寻常的知觉体验。

【案例】

李阿姨最近很焦虑，她想去看看儿子，可又怕打扰儿子复习。但她的儿子已经一年没回家了，她想儿子想得都睡不着觉了。李阿姨一方面担心儿子的生活、身体，另一方面也想问问今年读大四的儿子到底有什么打算。去年儿子说想要考研，需要安静的环境，便从学校宿舍里搬了出来，经济不怎么宽裕的李阿姨毫不犹豫地给了儿子租房费，连每月给儿子的生活费也增加了。李阿姨觉得自己苦一点无所谓，只要儿子有出息。只是儿子自从在校外租了房子，除了偶尔通个电话，就再也没回过家。想来想去，李阿姨还是买了高铁票决定去看看儿子。

到儿子出租屋的时候已经是黄昏了，李阿姨敲了半天门才有人回应。开门的儿子把李阿姨吓了一跳，李阿姨怀疑自己是不是走错了门。儿子满头乱发，穿着大背心，对母亲的到访并没有表现出任何的欣喜。进了房间，李阿姨的心情更是一言难尽，房间里乱七八糟，到处是灰尘和垃圾，李阿姨万万没想到儿子的生活会是这样。

在李阿姨收拾房间的时候，儿子一直坐在电脑前，好像一切都与他无关。李阿姨和他说话，他就像没听见一样。问多了，儿子还会表现出不耐烦的样子。李阿姨问他以后的打算，他就说："不用你管，我的事我自己知道。"李阿姨忍不住说了儿子两句，他的情绪突然暴躁起来，大声地说："我知道你瞧不起我，嫌我用你的钱了。告诉你，我以后赚的钱多到吓死你。要不是你，要不是我爹，我现在不知道过得有多好。是你们毁了我，我恨你们所有人！"

李阿姨目瞪口呆地看着儿子，她以前只觉得儿子性格内向，有些孤僻，除了上学，回家就把自己反锁在房间里，没什么其他怪异的地方。儿子现在怎么会变成这样？还是说他一直都是这样，只是自己没有关注到？

李阿姨想起自己的酒鬼老公，他也是一个脾气暴躁的人。这些年来，她的大部分时间和精力都被这个酒鬼老公磨得差不多了。儿子就在这样的环境中沉默地成长着，还考上了大学，李阿姨觉得儿子很乖，没给她添什么麻烦。直到前几年，她的老公因为酗酒死了，李阿姨才想到要好好照顾一下儿子。没想到，儿子已经变成了这个样子。她想，难道儿子是在学校里发生了什么事？

第二天，李阿姨来到学校了解情况。原来儿子进了大学后也是独来独往的，从不和任何人交往，平时他的穿着、说话也很奇怪，常常被同学们嘲笑。他经常自言自语，说的话别人根本听不懂。他经常和同寝室的同学发生冲突，说别人瞧不起他，想害他。

有一次，他睡过头错过了考试，就怀疑是寝室的同学故意整他，便在寝室里把几个同学的书都烧了。这件事闹得很大，校方找他谈话，考虑到他即将毕业，只是给了口头劝诫，没有给他处分。谁知道，他竟然开始到处写举报信说学校迫害他，弄得校方很尴尬。后来他干脆搬出了寝室，也不再参加学校组织的实习。

李阿姨走在校园里，脑海里一直想着老师最后说的那句话："阿姨，我们猜想您儿子是不是精神方面出了问题，或许您应该带他去看看心理医生。实在不行，可以办理休学。"看着这个美丽的校园，到处都是青春洋溢的脸，想着那个整天把自己关在屋里的儿子，李阿姨不知道，她唯一的儿子还能不能正常起来。

李阿姨的儿子有明显的精神分裂症状，他情感淡漠、言行异常，具有被害妄想、意志减退等症状。分裂样人格障碍的发病率较高，患者往往敏感多疑、妄自尊大，极易夸大事情和妄想，使得他们在适应工作和学习上存在严重障碍，最后导致他们的社会功能丧失。也就是说，分裂样人格障碍患者的主要症状是与社会分离，他们常常对建立社交关系没有兴趣，远离家庭，很少会结婚，没有亲密的朋友。反过来，这也阻碍了他们体会正常人的情感和正面情绪的能力。

分裂样人格障碍患者在发病前往往只是给人一种性格古怪、行为偏执、离群索居的感受。随着病情的加重，患者往往会表现出类似于精神分裂的症状。比如，李阿姨的儿子因为错过了一次考试导致病情发作，开始出现一些被害妄想，情绪暴躁，用各种情绪和语言攻击看望他的妈妈，等等。我们通过案例可以看到，原生家庭可能是李阿姨的儿子出现分裂样人格障碍的发病基础，如李阿姨的丈夫酗酒，脾气暴躁，导致儿子从小生活在一个极度缺乏安全感的家庭环境里。在这样的敏感心理和不安全感的作用下，儿子很容易认为身边的人对自己不怀好意，并且难以相处，从而自我封闭。

从这个角度来说，分裂样人格障碍的发病是一个长期积累的结果，所以康复起来也需要一个特定的过程。分裂样人格障碍患者康复后很容易复发，这一点是所有人需要注意的。患者不但要减少症状的出现，也要学习一些心理学相关知识，增加足够的自我认知和自我觉察，才能真正从这样的分裂状态中找到自我，增加正向的情感体验与人际交往能力。

表演型人格障碍者：我的舞台无处不在

【自测】

表演型人格障碍者总是过度寻求他人的关注，尤其是在社交场合，如果没人关注，他们的心里就会受不了，所以总喜欢做出一些出格的事博他人眼球。例如，有些患者喜欢穿着暴露的服装，但他们并非暴露狂，只是想获得人们更多的关注。

接下来的测试也许能让你更了解自己。

1. 为了成为人们眼中的焦点，你经常会做出一些夸张的行为。

A. 是　　B. 不是

2. 为了吸引异性，你经常表现出引诱的样子。

A. 是　　B. 不是

3. 你的情绪反复多变，如果受到表扬会非常欣喜。

A. 是　　B. 不是

4. 你喜欢夸大其词，而且会掺杂大量幻想出来的情节。

A. 是　　B. 不是

5. 初次见面，你总能给人们留下印象，但是具体你讲了什么内容则没人记得。

A. 是　　B. 不是

6. 你认为生活就是在演戏，情绪表达必须到位。

A. 是　　B. 不是

7. 你经常活在自己的幻想世界里。

A. 是　　B. 不是

8. 你喜欢操控别人，为达目的不择手段。

A. 是　　B. 不是

9. 你习惯以自我为中心，别人都必须顺着自己的心意。

A. 是　　B. 不是

10. 你喜欢刺激，尤其喜欢参加社交活动。

A. 是　　B. 不是

【测试结果】

上述10道题中，如果你有5道题以上选A，说明你存在一定的表演型人格的倾向，可以进一步咨询心理咨询师。

【症状】

· 喜欢幻想。
· 情绪带有戏剧化色彩。
· 情绪不稳，情感反复无常。
· 如果有人忽视自己，就会情绪失控。
· 由于情感表现夸张，总会给人装腔作势的感觉。

【案例】

学院操场上，同学们三三两两地站着聊天，听说系主任要通知什么事。这时，突然传来一阵惊呼：“有人晕倒了！”大家都围了过去，有几个女孩却只看了一眼，不屑地嘀咕着：“又来了！”“戏精！”“你们猜这次谁背她？”“肯定是隔壁班长得最帅的那个呗。”

一阵骚乱之后，果然有个男孩背着晕倒的女孩去了医务室。辅导员看到这群女生表现得如此冷漠，有点生气：“都是一个班的，同学晕倒了，你们也不跟着去看看。”几个女孩笑嘻嘻地答应着，一边走一边向老师保证：“她没事，您放心。”

老师有些疑惑，拉住一个女孩追问起来。原来依依一到男生多的地方就会晕倒，她们已经习惯了。依依第一次晕倒也把她们都吓着了，又是打电话又是送医务室，结果那个背她来医务室的男生前脚一走，后脚她马上就没事了，活蹦乱跳的。后来，大家发现这样的事经常上演，有些照顾过依依的男孩甚至成了她的男朋友，然而恋爱的时间都不长。

依依是踩着分数线进的学校，本来上了大学，也没人关注你高考时考了多少分，但是依依经常在班里做出一副指导大家学习的样子，不管学习委员通知什么，或者某门课要做什么小组作业，依依总是在群里以指导者的身份发言，对同学的作业指指点点。有一次，依依把一个同学惹火了，这个同学去查了她的进校成绩，才知道原来她的分数在全班最低。

依依是本地人，她有个亲戚在学校工作，其实只是一个普通的行政人员。但是依依总是对此神神秘秘的，有意无意地让别人觉得她这个亲戚可能是学校的领导。她为了展露自己的优越感，会偶尔透露一些“内部消息”。

班级微信群里除了同学还有各科任老师，让班上同学最无语的是，只要有老师在群里说话，不管是通知事情还是布置作业，班长和学习委员都还没说话呢，她会第一个跳出来，告诉大家应该怎样做。而且摆出一副很忙、很负责的样子，但是她在私下里却什么都不做。

依依也参加了学校社团，她在和同学聊天的时候，总会很神秘地说社团最近有什么节目，等大家的兴趣都提起来了之后，她则欲言又止，然后在大家期待的目光中享受一番。后来，同学们都知道了，其实社团里什么也没发生。

要说起依依的恋爱经历，也是让人琢磨不透。每当依依恋爱时，不管在朋友圈还是在QQ空间，她都要天天晒恩爱。今天她给男朋友买了衣服、球鞋，明天又给男朋友买了好吃的。在路人看来，依依绝对是一个贤惠、痴情、体贴的女子。但是没多久，这段恋爱就会结束。有人问过她其中一个前男友：“依依对你这么好，为什么要分手？”男孩冷笑一声，说：“我们就一起吃过几顿饭，散过几次步。她说的事，买的东西，我从来没见过，她是和空气恋爱吗？”

依依总是会有各种让人想不到的言语、行为，大家越关注她就越兴奋。久而久之，大家私下都叫她“演员”，没人再相信她说的话和做的事，更别说和她交朋友了。但是这一切依依似乎毫不在意，她依然在自己的舞台上活得风生水起。

依依晕倒这样戏剧化的情节经常上演，让我们看到了这个女生的浮夸，但她的问题并非浮夸这么简单，她很可能患上了一种叫表演型人格障碍的病。什么是表演型人格障碍？顾名思义，患者往往会像演员一样举止浮夸，引来路人的注意，他们极度渴望他人的理解，情绪波动大，经常做出一些让人很难理解和接受的事。

表演型人格障碍患者举止不成熟，不甘寂寞，经常分不清幻想与现实，把生活弄得和演戏一样热闹。表演型人格障碍者的核心表现是认为自己是特别的、杰出的、唯一的。

在依依的故事中，她的高考分数明明是全班最后一名，她却常常对大家的功课指手画脚。此外，依依认为自己是最漂亮、最有才华、最善良的人，这才有了开头充满戏剧性的一幕，她晕倒都能交到一个男朋友。实际上，她的伎俩已经被同学识破，但她却不以为然。从心理学角度考虑，这就是表演型人格障碍患者以自我为中心的症状。

表演型人格障碍患者常常表现为外向开朗，认为自己永远处于舞台的中心，他们会做出很多浮夸的动作和表情来吸引别人的注意。如果他们得不到别人的注意或回应，情绪就可能很失落。

在精神分析学派看来，表演型人格障碍往往出现在俄狄浦斯期。这个时期的孩子通常会亲近异性父母而远离同性父母，比如男孩表现出对母亲的过度依赖，并通过各种行为来吸引母亲的注意。表演型人格障碍往往是伴随着处理恋母情结、恋父情结的失败而产生的，也就是说，他们的内心有许多关于和异性父母依赖与反依赖间的情感冲突。这时，如果父母没有建立起好的边界感，继续把他当成孩童对待，没有保持应有的距离，如父亲把处于青春期的女儿搂在怀里，说她真是爸爸的贴心小棉袄，往往会加重孩子的依赖，孩子会寻找更多类似的表现迎合父亲的喜好，最终导致表演型人格障碍的出现。

与自恋型人格障碍患者不同，表演型人格障碍患者往往有高自尊、高敏感性，稍有不如意，就可能会产生非常大的情绪波动，甚至出现自杀倾向。心理咨询师会想办法让患者意识到自己对人际交往的恐惧，如果患者将自尊建立在维系不恰当的人际关系上，会加深类似的恐惧感，所以应该鼓励患者把注意力用在发展其他技能方面。

168

冲动型人格障碍者：愤怒的公牛

【自测】

冲动型人格障碍者的行为十分危险，他们行事冲动，不考虑后果，常常给周围人带来很大的影响。下面的测试将会检验你的冲动倾向。

1. 你是否经常和别人发生争吵，甚至动手伤人？

A. 是　　　B. 不是

2. 你是否经常因为一些琐事导致情绪失控，明知道不值得，但就是控制不了？

A. 是　　　B. 不是

3. 你是否做事从来不考虑后果？

A. 是　　　B. 不是

4. 你是否经常突然陷入情绪低落，然后莫名其妙地放声大哭？

A. 是　　　B. 不是

5. 你是否认为自己的童年非常不快乐？

A. 是　　　B. 不是

6. 即便是很重要的任务，你也很少会深思熟虑，而是直接采取行动。

A. 是　　　B. 不是

7. 即便是很重要的事情，你也会很快做出决定。

A. 是　　B. 不是

8. 你认为自己的自制力很好吗？

A. 是　　B. 不是

9. 无论是学习，还是工作，你都很难长时间集中注意力。

A. 是　　B. 不是

10. 遇到困难问题时，你很难进行长时间思考。

A. 是　　B. 不是

【测试结果】

以上 10 道题中，如果你有半数以上选 A，说明你存在一定的冲动型人格障碍倾向，如有必要可以向专业人士进行咨询。你选择 A 的题目越多，说明问题越严重，一定要重视起来。

【症状】

· 情绪暴躁易怒，自控力极差。

· 行为爆发之后无法自控。

· 做事鲁莽，不考虑后果。

· 性格带有攻击性。

· 做事缺少目的性，没有目标。

· 行动的目的是获得心理上的满足。

· 行动之前带有强烈的紧张感，行动之后获得巨大的满足与愉悦感。

【案例】

老王家的亲戚出差到老王所在的城市，于是特意过来看看老王。老王有两个儿子，老二的脾气不好，老王特意叮嘱老二：“咱家亲戚今天过来，别给我丢人现眼。”

老王烧了一桌好菜，没想到亲戚来的时候还带了几个同事，大家一起吃顿饭也很正常，只有老王的二儿子脸色变得很难看。老王赔笑着让大家入了座，酒桌上说说笑笑也还好。酒过三巡，亲戚无意中说了一句：“老二还没找到工作吗？”老王阻止不及，就见二儿子脸色通红，大喊道：“关你屁事！你带一大帮人来我家吃饭算怎么回事，拿我家当饭馆？”说完把桌子一掀，也不管杯碗碟子碎了一地扭头就走。众人讶异不已，纷纷告辞。

看着地上一片的狼藉，老王深深地叹了口气，这种事已经不是第一次发生了。老王的老伴走得早，为了孩子不受后妈的气，老王断了再婚的念头，自己摆了一个水果摊，拉扯大两个儿子。大儿子从小就乖，大学毕业后在其他城市找到了工作。同样的教育和生活环境，二儿子却往截然不同的方向生长。

从初中开始，老二就经常打架。他总是为了一点小事就大打出手，而且下手特别狠，不计后果，老王不知道赔了多少钱。后来学校实在受不了了，就把老二劝退了。老王求人给老二办了转学，但是换了一所学校也没能让老二的行为有所收敛。老二在三年里换了四所中学，勉强混了一个初中文凭。

老王看出来了，老二实在是不想读书，他也管不了这个儿子。就这样，老二离开了学校，每天和一帮小地痞晃来晃去，惹是生非，打架更是成了家常便饭。邻居们见了他都绕着走，虽然老二见到街坊邻居也会礼貌地打招呼，但是谁也不知道他什么时候就会爆发。一次，老二见到邻居张叔，随口叫了一声“张叔好”，张叔心情不错就回了一句“吃了吗”，没想到老二当时就急了。老二大吼道：“我都饿了一天了！”就这样，老二再问好的时候，邻居们都改为点头微笑，既不敢不答应，也不敢多说话。

就这样，老二混到了20岁，家里实在没钱给他了，他也稍微成熟了一些，知道该去找工作赚钱了。然而，每一份工作他都干不长，总会因为一点小事突然爆发。他在饭馆上班的时候，因为大堂经理说他上菜慢了，他二话不说就把盘子一扔，大骂了经理一顿，甩手走人了；他在汽车修理厂当学徒时经常迟到，老板说了他几句，他把老板打伤了；他在酒店客房工作时，嫌女同事叽叽喳喳聊天太吵，就当着很多人的面大喊："你们能不能安静一会儿？"

别看老二在工作上这个德行，哄女孩却很有一套。他曾经遇见一个喜欢的女孩，那阵子他的脾气似乎好了很多，好好工作，好好生活，甚至知道心疼老王了。老王暗暗高兴，想着总算有人能管管他了，也能改改他的坏脾气。但是好景不长，老二因为一次拌嘴就把女孩打跑了，之后不管他怎么道歉，女孩也不理他了。据说，女孩不肯回头是因为他下手特别狠，把女孩吓坏了。

在老王心里，儿子不是一个坏人。因为他每次冷静下来之后，都会很诚恳地认错，保证下次再也不这样了。每一次儿子都痛哭流涕地表示，自己也不想这样，但就是控制不住。老王没文化，他不知道儿子存在心理问题，两个人经常聊着聊着就抱头痛哭起来。每当儿子不在身边，家里的电话铃声响起来时，老王都会心里一紧，生怕电话那头传来坏消息。他心里清楚，儿子这样的脾气早晚是要闯大祸的，他只希望这一天来得越晚越好。

老王的二儿子从上中学开始就没少让他操心，到处打架惹祸。长大了之后，随时都可能发生的冲动行为让他的工作、生活一团糟。他就像一头愤怒的公牛，随时随地都可能伤人。老王看在眼里，急在心中。其实，老王的二儿子很可能得了一种叫冲动型人格障碍的病。

冲动型人格障碍患者最主要的症状是易怒，他们常常会因为一些小事而大发雷霆，爆发非常强烈的愤怒和冲动，甚至大打出手，这样的冲动往往会造成严重的后果。患者爆发的冲动往往需要经历很长时间才能平静下来，冲动型人格障碍的发作往往具有间隙期，其病理性和反社会人格障碍、盗窃癖、放火癖、拔毛癖有点类似。

弗洛伊德认为，这种冲动人格的根源可能是人的无意识本能冲动，患者的攻击本能太强，而自我控制失效，就会产生这样的冲动行为。心理学家通常认为，冲动型人格障碍多形成于青春期，多见于男性，这时如果当事人的角色认同出现偏差，就容易表现出较强的攻击性。也有部分心理学家认为冲动型人格障碍是由于某种不足或缺陷带来的自卑心理，当事人长期处在这样的状态下，内心非常痛苦。于是，他们习得了这种将自卑用冲动的方式释放出来，这其实是一种对于自卑的过度补偿。比如，有些单亲家庭的孩子会有自卑感，当他们与人发生冲突时，很容易受到歧视和辱骂，他们内心的暴怒和冲动就往往会以相对激烈的方式宣泄出来。还有部分心理学家认为冲动型人格障碍是学习的结果，如患者长期处在压抑的家庭环境中，效仿家长或影片中的攻击行为，从这样的释放中获得快感。

人格障碍想要解除和治愈是有一定难度的，需要家人足够的耐心和时间，对此患者及家属需要有充分的认识。千万不要像案例中的老王一样，到最后也没有认识到孩子可能得了某方面的心理疾病，治疗就更无从谈起。我们要给孩子创造一个健康的家庭环境，在一定程度上预防冲动型人格障碍的发生。

174

反社会人格障碍者：恶魔的灵魂

【自测】

反社会人格障碍者是非常可怕的一类患者，他们对于自己出现的反人性、反社会的行为完全意识不到，不觉得自己有什么问题。接下来的测试很重要，请谨慎面对。

1. 你认为只要不被伴侣发现，出轨行为并没有什么。

A. 是　　B. 不是

2. 你做事没有计划，想起什么就做什么，经常冲动行事。

A. 是　　B. 不是

3. 当你发现更好的机会时，会果断放弃之前达成的约定。

A. 是　　B. 不是

4. 你存在虐待小动物的想法或行为。

A. 是　　B. 不是

5. 你感觉生活无聊透顶，喜欢追求刺激。

A. 是　　B. 不是

6. 你只关注自己的感受，只要自己舒服，即使危害到他人的利益也无所谓。

A. 是　　B. 不是

7. 你有说谎的习惯，并发现自己非常擅长说谎，而且从不感到内疚。

A. 是　　B. 不是

8. 你对于权威和规则十分抵触，认为规矩就是应该被打破的。

A. 是　　B. 不是

9. 你没有同理心，对于公认的道德良知并不认可。

A. 是　　B. 不是

【测试结果】

上述 9 道题中，如果你有超过 5 道题选 A，那么就需要注意了。选择 A 的题目越多，说明你存在反社会人格障碍的可能性越高。

【症状】

· 很早就表现出人格偏异，青春期时更明显。

· 没有是非对错观念，社会规范对他们的行为没有影响。

· 无法认识到自己的错误行为，所以也不会吸取教训。

· 无视规则，经常做出违法乱纪的行为。

· 傲慢自大，存在莫名的优越感，认为自己是最好的。

· 缺乏同情心，对于他人的痛苦没有任何感觉。

· 人际关系差，社会适应能力差，常伴有严重的反社会行为。

· 为了达到目的习惯性说谎，并以此为乐。

· 行事冲动，从不考虑后果，即便造成严重损失也不后悔。

· 易怒，无法控制情绪，具有很强的攻击性。

· 追求新奇和心理刺激，总觉得生活无聊。

· 毫无责任心，表现为旷工、频繁换工作、欠债不还、不赡养老人、不抚养孩子等。

· 经常出现伴随症状，如酗酒、滥用药物、虐待等。

【案例】

刑警赵刚怎么也无法把面前这个戴着眼镜，看上去风度翩翩的年轻律师和三起凶杀案的嫌疑人联系在一起。

半年前，城里发生了一起凶杀案，一家小贸易公司的老板遇害。他在酒吧后巷被硬物袭击头部致死，而凶器就是巷子杂物堆里的半截砖头。由于天色阴暗，监控只模糊地拍到了凶手的影子。警方调查了很久，排除了抢劫、仇杀、情杀，凶手的动机成了谜。接下来，又发生了两起凶杀案，警方也是毫无头绪。

三起案子都没有明显作案动机，凶器都是案发现场随手取得的物件，被害者都是40多岁的男性，有着自己的产业，属于中产阶层。

经过详细的调查，三个被害者的生活圈子并没有什么交集，凶案的发生都是随机的，并不是预谋犯罪，然而现场又清理得非常干净。看似毫无关联的三个案子，又诡异地有着千丝万缕的联系，于是刑警队决定并案侦查。

破案过程非常曲折、艰难，最终锁定嫌疑人——年轻有为、英俊潇洒的段律师。逮捕段律师那天的情景大家历历在目，他很淡定地承认了自己就是凶手，并很配合地跟着警方去了警察局。没有任何反抗，这让警方非常吃惊。

审讯开始了。这位段律师一开始就坦白了，像讲故事一样把这几起案件详细地说了出来，甚至描述了很多自己的想法。令警方吃惊的是，嫌疑人对于伤害别人，甚至夺取他人生命的行为毫无悔意，自始至终没有任何表情，甚至还表现出得意的神情。

嫌疑人表示，他没有刻意去选择被害的对象。“无意中遇见了，觉得他们很脏啊！”这就是他的动机。对于嫌疑人令人匪夷所思的思想和行为，警方进行了更深入的调查，全面掌握了段律师的生活轨迹。

从小，段律师的父母就对他异常严苛，而他给外人的印象是听话、成绩好、有礼貌。不过，他和任何人都不亲近，而且很善于说谎，就连大人都无法识破。让人震惊的一件事，就是他被人发现过虐待小动物，而且手段极其残忍。虽然父母对他进行了严厉的管教，他却毫无悔意，好像对他来说这是很正常的一件事。

他的父母后来离婚了，他被判给了母亲，之后母亲再婚。后来，警方还发现了三起案件一个重要的共同点，受害人的外貌与段律师的亲生父亲以及继父很相似。经过询问，警方发现无论是他的亲生父亲还是继父都没有虐待过他。

嫌疑人没有朋友，也不屑去交朋友。和他稍微走得近一点的人都会莫名地感觉不舒服，虽然他外表迷人，彬彬有礼，但是内心的不可一世让人很不舒服。在工作中，他果断、冷静，甚至可以说是冷酷，不管案子当事人是什么情况，他都毫无同情心。对于这一点，同事们虽然感到惊愕，但不得不说他职业素养好，毕竟法律不讲人情。不过他处理事情的那种毫无人情味的冷漠，却让大家下意识地和他保持距离。

没有人知道他为什么会如此残忍地对待生命，而且完全没有任何悔意。对他来说，取人性命就像踩死一只蚂蚁一样。越是深入调查，警方越感到吃惊，这个几乎完美的形象下包裹着的恶魔简直就是天生的变态杀手。听到案件判决的那天，参与办案的人员都松了一口气。

了解完段律师案件的始末，我们看到了他荒诞的杀人动机。面对铁一样的事实，他表现出超乎常人的平静，坦然地承认自己就是这几起凶杀案的凶手。其实，从心理学角度考虑，他也许是一个反社会人格障碍患者。反社会人格障碍，又称无情型人格障碍，它是一种社会性病态的行为，患者一般具有高度攻击性，会做出危害社会的行为，如暴力抗法，侵害他人的生命和财产安全等。

正所谓“地狱空荡荡，魔鬼在人间”。反社会人格障碍患者最可怕的地方在于他们看起来和正常人一样，所以被害者对他们完全没有防范意识，因为在被害者看来，自己和对方并无交恶，没有理由会招致毒手。但是，反社会人格障碍患者从不反省，情感淡漠，缺少正常的情感体验。因此，那些有血有肉的生命在他们看来如同玩物一般。

就像英国诗人约翰·德莱顿所说：“一个人的良知，就是他的力量。”为什么有的人会选择一条自我毁灭之路呢？反社会人格障碍的形成原因是什么？又是什么原因让他们无视法律和道德的约束，做出丧尽天良的事呢？

与其他人格障碍一样，反社会人格障碍的形成也是有多种原因的。心理学家研究发现，反社会人格障碍患者在早年大多受过家庭成员的虐待或不公正对待等，他们在心中埋下了仇恨的种子，使得他们本来有良知的一面受到明显压制与隔离。

反社会人格障碍患者对普通人来说充满危险，那么面对反社会人格障碍患者，我们如何保护自己呢？美国知名心理学家玛莎·斯托特博士提出，反社会人格障碍患者最大的招数就是喜欢装可怜，而且他们还有一定的表演天赋，把自己隐藏得很深，生活对他们来说就是一场狩猎。当我们遇到这类人，最好的应对方式就是忽视他们，不要去激惹他们。

179,

讨好型人格障碍者：我其实也想说“不”

【自测】

我们在生活中总能碰到一些人不会拒绝别人的要求。即使某件事让他们很为难，他们也会咬牙答应下来。做做下面的题目，看看你在现实生活中是否也喜欢讨好别人。

1. 你的性格与世无争，最害怕与别人发生争执，因为无论谁对谁错，你都会将责任归咎于自己。

A. 是　　　B. 不是

2. 无论是在生活还是工作中，你对于他人提出的要求，即便不情愿，也会答应下来。

A. 是　　　B. 不是

3. 你不喜欢求人帮忙，很怕麻烦别人，否则就会觉得亏欠他人。

A. 是　　　B. 不是

4. 团队讨论时除非必要，否则你绝不会表达自己的想法。

A. 是　　　B. 不是

5. 你总是习惯先考虑别人的感受而不是自己的。

A. 是　　　B. 不是

6. 你过于在乎他人对你的印象、看法，渴望被别人认同。

A. 是　　　B. 不是

7. 你在面对比自己能力强的对手时会退缩，不敢展现自己的能力。

A. 是　　　B. 不是

8. 你比较感性，内心敏感，富有同理心。

A. 是　　　B. 不是

9. 你善于感知他人的情绪，同时自身情绪易受他人影响。

A. 是　　　B. 不是

10. 有时候即便背黑锅，你也不愿过度为自己辩解。

A. 是　　　B. 不是

11. 你在工作中习惯为同事跑腿，在生活中则习惯为伴侣忙前忙后。

A. 是　　　B. 不是

12. 你对于名利看得很淡，即便是个人利益受损，也不会争取。

A. 是　　　B. 不是

【测试结果】

· 如果选 A 的数量不超过 4 道，说明你只是疑似讨好型人格，你完全可以保持自我。人们会因为你的热情、大度而很喜欢你。

· 如果选 A 的数量超过 4 道但不超过 8 道，说明你可能属于轻度讨好型人格，你需要问问自己，有些费力不讨好的事还有没有必要继续做下去。

· 如果选 A 的数量超过 8 道，那么你非常有可能属于讨好型人格障碍者，你的生活和工作已经受到严重影响。你虽然很清楚这一点，但是很难改变自己。你需要咨询心理医生，进行有针对性的改变。

【症状】

- 习惯主动道歉。
- 习惯性隐藏自己的情绪。
- 习惯自我牺牲成就别人。
- 人际交往时表现得非常谨慎，生怕说错话。
- 总是试图照顾所有人的情绪，因此身心俱疲。
- 不懂拒绝，即便心里很不情愿。
- 与世无争，极少与他人发生争执。
- 典型的“老好人”形象。
- 害怕说出自己内心的真实想法。
- 缺少原则与底线，很难赢得他人的尊重。

【案例】

阮小岳无论是在朋友、亲戚还是同事口中的评价都非常好，大家都说他人好、讲义气、热情、宽容、大度、不争不抢、有求必应……而现在大好人阮小岳却坐在自己家的沙发上，眉头紧皱，烦躁不已，自言自语地骂道：“这都什么人，脸皮这么厚！”

他刚挂掉一个电话，朋友想找他借两万块钱。阮小岳压制住心里的怒火，琢磨着上次借的一万元说好一个月就还，到现在三年都过去了还没还。阮小岳在心里发出了一连串抗议，但是他始终没有勇气说出口。

更气人的是，他这个朋友有房有车，天天在朋友圈里晒自己去哪儿旅游了，去哪儿吃大餐了……而阮小岳呢？住合租的房子，天天挤公交上班。阮小岳越想越不舒服，心想凭什么啊！

阮小岳拿出他记账的小本子，里面都是他借钱给别人的记录，有的已经时间久远到自己都记不清了，而还钱的人寥寥无几。看到这里，阮小岳狠狠地扇了自己一个耳光，他怎么就不能说一声“不”？怎么就不能理直气壮地让他们还钱？

其实，阮小岳不是没试过，他好不容易东拉西扯、结结巴巴地开了口，别人一句叫苦马上就把他的话堵了回来。结果，阮小岳反过来安慰对方半天，这叫什么事啊！

借钱还好说，阮小岳现在最怕的就是别人求他办事！他也不清楚，自己没权没势的，为什么总有人慕名而来，而且都说小岳肯定有办法。

记得上一次，有个朋友的朋友找到阮小岳，请他帮忙把中考落榜的女儿安排进重点中学。阮小岳想想都觉得荒唐，但他依然说不出一个“不”字。为了这事，他绞尽脑汁，求了无数的人，最终没能办成。虽说没办成，但他也忙了半天，可人家连个“谢”字都没有。

更别说其他事了，上次一个很少来往的亲戚拖家带口从外地来旅游。亲戚为了省钱，一家五口直接住进了阮小岳的出租房，阮小岳只能在单位沙发凑合住了好几天。这还不算，亲戚一家人这几天的费用他也全包了。可不管心里怎么反感，阮小岳就是说不出一个“不”字。

阮小岳也说不清楚自己在害怕什么，只是每当别人说有事找他时，他就会心跳加快，满头大汗。他也曾无数次暗下决心，再也不当老好人了！不管别人提什么要求，坚决不同意，但阮小岳发现自己根本做不到。

年底，阮小岳所在的单位有一个升职机会，所有同事包括阮小岳自己都认为这次终于该轮到他了，无论是资历、经验还是能力，阮小岳都该升职加薪了。结果令所有人大吃一惊，单位新来不到半年的女同事直接升职了。

阮小岳觉得人生好累，他实在想不明白为什么自己会活成这个样子。阮小岳现在最大的渴望就是，自己能勇敢地说一次“不”。为此，阮小岳尝试过很多次，可他发现别人要么不信，要么流露出惊愕的眼神。当阮小岳进一步表达拒绝的意思后，他发现被他拒绝的人就像是被老朋友出卖了一样，脸上写满了不解与伤心。从此之后，这些朋友和他见面时连招呼都不打了。

每每想到这里阮小岳都会叹气，他真的不忍看见别人失望的表情，更不愿意失去“朋友”。最后，阮小岳还是拿出手机，默默地把自己账上的最后两万元转给了那个向他借钱的朋友，并且在小本子上记下了日期和金额。没一会儿，阮小岳的手机响了，对方说了一句“收到”。

“这一回连谢谢都不说了！”阮小岳无奈地摇了摇头。

从阮小岳的表现可以判断，他很可能是讨好型人格障碍患者。讨好型人格障碍患者善于讨好别人，为难自己，总是一副老好人的形象。但他们的内心过得一点都不舒坦，甚至很痛苦。

讨好型人格障碍是指那些一味讨好别人、迎合别人，却忽略自己感受的病理性心理问题。在他们看来，这是一种根植于内心的善良，但是他们却常常被周围人视为可以任意欺负的对象。

从阮小岳的经历不难看出，他很难对别人说“不”，连朋友的朋友都要倾尽全力去帮忙。他为了讨别人欢心，宁可委屈自己，甚至完全不会顾及自己的状态和能力能否做到。

电影《被嫌弃的松子的一生》的主人公松子便是一个有讨好型人格障碍的人。她的发病过程是这样的：小时候，她的妹妹体弱多病，所以父亲更疼爱妹妹，对松子却只有责骂。后来有一天，松子无意中发现，如果自己搞怪扮鬼脸，父亲便能够多给自己一些关注，还能看到父亲难得的笑容，从此这个漂亮的小女孩把扮丑当成了习惯。而长大后的松子又开始对异性表现出无底线的妥协，即使挨了打，仍笑脸相迎，希望能够换取对方的同情和爱。

心理学家通常认为，在原生家庭中缺爱的孩子长大后会无比渴望爱。心理学家武志红也曾说：拥有讨好型人格的人是因为害怕被抛弃。讨好型人格障碍患者始终没有安全感，他们习惯性地活在别人的情绪里，以卑微的姿态承担了很多不属于自己的责任。希望所有讨好型人格障碍患者都能够明白，人这一生，最应该讨好的是自己。

图书在版编目 (CIP) 数据

疯狂心理学：揭秘日常生活背后千奇百怪的心理学真相 / 齐志斌，咸鱼波著 .—北京：中国法制出版社，2020.8

ISBN 978-7-5216-1173-1

Ⅰ . ①疯…　Ⅱ . ①齐… ②咸…　Ⅲ . ①心理学—通俗读物
Ⅳ . ① B84-49

中国版本图书馆 CIP 数据核字（2020）第 113791 号

责任编辑：陈晓冉（chenxiaoran2003@126.com）　　封面设计：杨鑫宇

疯狂心理学：揭秘日常生活背后千奇百怪的心理学真相

FENGKUANG XINLIXUE：JIEMI RICHANG SHENGHUO BEIHOU QIANQI-BAIGUAI DE XINLIXUE ZHENXIANG

著者 / 齐志斌　咸鱼波

经销 / 新华书店

印刷 / 北京海纳百川印刷有限公司

开本 / 710 毫米 ×1000 毫米　16 开　　印张 / 12　字数 / 145 千

版次 / 2020 年 8 月第 1 版　　2020 年 8 月第 1 次印刷

中国法制出版社出版

书号 ISBN 978-7-5216-1173-1　　定价：39.80 元

北京西单横二条 2 号　邮政编码 100031　　传真：010-66031119

网址：http://www.zgfzs.com　　**编辑部电话：010-66071900**

市场营销部电话：010-66033393　　**邮购部电话：010-66033288**

（如有印装质量问题，请与本社印务部联系调换。电话：010-66032926）